U0302906

中国农村改革四十年研究丛书

编 委 会

主 任

龚　云 （中国社会科学院）

委 员（排名不分先后）

李　明 （中国农业大学）

仝志辉 （中国人民大学）

王双印 （深圳大学）

苏保忠 （中国农业大学）

吕文林 （中国农业大学）

周　进 （中国社会科学院）

黄艳红 （中国社会科学院）

彭海红 （中国社会科学院）

李　霞 （北京化工大学）

湖北省学术著作出版专项资金资助项目

中国农村改革四十年研究丛书

全国高校出版社主题出版

中国农村生态文明建设研究

Research on the Construction of Ecological Civilization in Rural China

吕文林◎著

华中科技大学出版社
http://www.hustp.com
中国·武汉

吕文林

汉族，1965年10月生。哲学博士。中国农业大学马克思主义学院副教授、马克思主义原理系主任。长期从事本科生、硕士生和博士生马克思主义理论学科教学和研究工作。主要研究领域为生态文明、"三农"问题、马克思主义与当代社会思潮。主持和参与学校教改项目10余项，主持国家社会科学基金项目1项，参与国家和省部级项目10余项。出版《中日两国环境哲学比较研究》（独著）、《环境友好论：人与自然关系的马克思主义解读》（合著）、《新时期马克思主义哲学创新发展论辩》（合著）、《建设节约型社会干部读本》（主编）、《中国农村政治发展与农村社会治理研究》（参编）等20余部图书，在《中共中央党校学报》《日本研究》《国外理论动态》等期刊发表论文20多篇。

内容
提要

　　本书以习近平新时代中国特色社会主义思想为指导,运用马克思主义的立场、观点和方法,阐述了我国农村生态文明建设的重要意义、总体目标、基本原则和主要内容,探讨了我国农村生态文明建设的马克思主义理论基础、中华优秀传统文化蕴含的生态智慧和西方发达资本主义国家可资借鉴的生态环境保护思想,分析了新中国成立以来,特别是改革开放以来我国农村生态文明建设取得的巨大成就和存在的主要问题,提出了推进我国农村生态文明建设的对策和建议。本书的特点是弘扬主旋律,宣传正能量,以国家宏观层面加强农村生态文明建设的大政方针为主线,深入挖掘农村生态文明建设的理论资源,全面总结农村生态文明建设的实践经验,明确推动农村生态文明建设的具体路径。这对于推进乡村振兴战略,加快农村生态文明建设尤其是农村人居环境整治和美丽乡村建设,最终实现建成富强民主文明和谐美丽的社会主义现代化强国的奋斗目标,具有重大的理论和实践意义。

改革是农村发展的根本动力

农业强不强、农村美不美、农民富不富,决定着亿万农民的获得感和幸福感,决定着我国全面小康社会的成色和社会主义现代化的质量。

1978年中共十一届三中全会以来,农村率先开始了一系列旨在解放和发展生产力、实现共同富裕的重大改革。农村改革拉开了中国改革开放的序幕,被称为"启动历史的变革"。

中国农村改革自1978年安徽小岗村实行家庭联产承包责任制开始,历经40年,敢闯敢试,波澜壮阔,影响深远,大致经历了以下五个阶段。

1978—1984年是中国农村改革的启动阶段。农村改革从改变基本经营制度开始,推行"包产到户"和"包干到户"等责任制,逐步形成了家庭联产承包责任制,农民成为自主经营的生产者,农户成为相对独立的市场经营主体,极大地调动了农民的积极性。

1985—1991年是农村以市场化为导向的改革探索阶段。随着农村基本经营制度的逐步确立,农村改革进入探索市场化改革阶段,重点主要在改革农产品流通体制、培育农产品市场、调整农村产业结构和促进非农产业发展等方面。

1992—2001年是农村改革全面向社会主义市场经济体制过渡阶段。1992年初邓小平发表的南方谈话和10月中共十四大的召开,确立了社会主义市场经济体制的改革目标,农村改革由此进入全面向社会主义市场经济体制过渡的时期,初步建立了农产品市场体系,市场机制在调节农产品供求和资源配置等方面逐步发挥着基础性作用。

2002—2011年是中国农村全面综合改革阶段。这一阶段农村改革的突出特征在于把农业、农村、农民问题放在国民经济整体格局下,聚焦农业、农村、农民发展的深层次矛盾和问题,以农村综合改革和社会主义新农村建设为主要抓手,实行"以工促农、以城带乡",加强城乡统筹,促进农村全面发展。

2012年中共十八大以来,中国农村改革进入全面深化阶段。2015年11月,中共中央、国务院发布《深化农村改革综合性实施方案》,明确了深化农村改革的指导思想、目标任务、基本原则、关键领域、重大举措和实现路径,是十八大以来农村改革重要的指导性、纲领性文件,对深化农村改革发挥了重大的推动作用。2017年中共十九大以后,我国启动乡村振兴战略。中国农村改革进入向纵深推进阶段。全面深化农村改革的关键性领域是农村集体产权制度、农业经营制度、农业支持保护制度、城乡发展一体化体制机制和农村社会治理制度。这五大领域的改革,对健全符合社会主义市场经济要求的农村制度体系,具有"四梁八柱"的作用。

改革开放40年来,中国农村发生了翻天覆地的变化。习近平总书记指出,改革开放以来农村改革的伟大实践,推动我国农业生产、农民生活、农村面貌发生了巨大变化,为我国改革开放和社会主义现代化建设做出了重大贡献。这些巨大变化,使广大农民看到了走向富裕的光明前景,坚定了跟着我们党走中国特色社会主义道路的信心。对农村改革的成功实践和经验,要长期坚持、不断完善。农业农村发展取得的成就主要体现在以下两个方面。

农民的物质生活水平有了显著提高,向全面小康社会迈进。农村改革在促进增产增收、解决吃饭问题和贫困问题等方面的效果极为明显。1978—2017年,农村居民年人均纯收入由134元增加到13400多元。1978年,我国农村贫困人口(当时的贫困线标准为100元/(人·年))为2.5亿人,贫困发生率为30.7%;到2020年,要实现农村贫困人口全部脱贫。

农民的精神面貌发生了显著变化。农民成为相对独立的经营主体,农民的公民权利得以实现，农民的主动性、积极性、创造性得到极大调动，农民的精神生活日益丰富。

农村改革发展40年，经验很多，主要有下面五条：一是坚持马克思主义的一切从实际出发、解放思想、实事求是、与时俱进的思想路线；二是正确处理国家与农民的关系，保障农民经济利益，尊重农民民主权利，满足农民的精神需要；三是尊重客观规律，尊重自然规律、农业规律、经济规律；四是始终坚持农村土地集体所有制这个社会主义农村基本经济制度；五是始终把解决好"三农"这个关系国计民生的根本性问题作为全党工作的重中之重。

中国特色社会主义进入新时代，习近平总书记多次强调："小康不小康，关键看老乡。一定要看到，农业还是'四化同步'的短腿，农村还是全面建成小康社会的短板。""我国农业农村发展面临的难题和挑战还很多，任何时候都不能忽视和放松'三农'工作。"2018年，《中共中央国务院关于实施乡村振兴战略的意见》明确指出："实施乡村振兴战略，是党的十九大作出的重大决策部署，是决胜全面建成小康社会、全面建设社会主义现代化国家的重大历史任务，是新时代'三农'工作的总抓手。"

我国改革是有方向、有立场、有原则的。2016年4月25日，习近平总书记在农村改革座谈会上强调，不管怎么改，都不能把农村土地集体所有制改垮了，不能把耕地改少了，不能把粮食生产能力改弱了，不能把农民利益损害了。

实现乡村振兴，需要高度重视下面几个问题。

首先，巩固和完善农村基本经营制度。习近平总书记指出，农村基本经营制度是党的农村政策的基石。坚持党的农村政策，首要的就是坚持农村基本经营制度。

第一，坚持农村土地农民集体所有。这是坚持农村基本经营制度的"魂"。农村土地属于农民集体所有，这是农村最大的制度。农村基本经营制度是农村土地集体所有制的实现形式，农村土地集体所有权是土地承包经营权的基础和本位。坚持农村基本经营制度，就要坚持土地集体所有。

第二，坚持家庭承包经营的基础性地位，在动态中稳定农民的家庭承包经营权益。

第三，坚持稳定土地承包关系。党的十九大报告明确了农村第二轮土地承包到期后再延长30年。

其次，深化农村集体产权制度改革。发展壮大村级集体经济是强农业、美农村、富农民的重要举措，是实现乡村振兴的必由之路。习近平总书记指出："集体经济是农村社会主义经济的重要支柱，只能加强，不能削弱。"农村集体产权制度改革是巩固社会主义公有制、完善农村基本经营制度的必然要求，不断深化农村集体产权制度改革，探索农村集体所有制的有效实现形式，盘活农村集体资产，构建集体经济治理体系，形成既体现集体优越性又调动个人积极性的农村集体经济运行新机制，对于坚持中国特色社会主义道路、完善农村基本经营制度、增强集体经济发展活力、引领农民逐步实现共同富裕具有深远历史意义。要按照分类有序的原则推进改革，逐步构建归属清晰、权能完整、流转顺畅、保护严格的中国特色社会主义农村集体产权制度，保护和发展农民作为农村集体经济组织成员的合法权益，以推进集体经营性资产改革为重点任务，以发展股份合作等多种形式的合作与联合为导向，坚持农村土地集体所有，探索集体经济新的实现形式和运行机制，不断解放和发展农村社会生产力，促进农业发展、农民富裕、农村繁荣，为推进城乡协调发展、巩固党在农村的执政基础提供重要支撑和保障。

最后，实现小农户和现代农业发展有机衔接。我国的农业经营目前主要以小农形式存在，这是由我国国情决定的。习近平总书记2016年4月25日在安徽省小岗村关于深化农村改革的讲话中明确指出："一方面，我们要看到，规模经营是现代农业发展的重要基础，分散的、粗放的农业经营方式难以建成现代农业。另一方面，我们也要看到，改变分散的、粗放的农业经营方式是一个较长的历史过程，需要时间和条件，不可操之过急，很多问题要放在历史大进程中审视，一时看不清的不要急着去动。"他多次强调，农村土地承包关系要保持稳定，农民的土地不要随便动。农民失去土地，如果在城镇待不住，就容易引发大问题。这在历史上是有过深刻教训的。这是大历史，不是一时一刻可以看明白的。在这个问题上，我们要有足够的历史耐心。习近平总书记还强调，创新农业经营体系，不能忽视了普通农户。经营自家承包耕地的普通农户仍占大多数，这个情况在长时期内难以根本改变。由于小农户将长期存在，在新时代农村改革发展实践中需要探索如何实现小农户与现代农业发展有机衔接的问题，准确把握土地经营权流转、集中、规模经营的度，与城镇化进程和农村劳动力转移规模相适应，与农业科技进步和生产手段改进程度相适应，与农业社会化服务水平相适应。

中国农村改革经过 40 年发展，站在新的历史起点上。新时代的农村改革仍是全面深化改革的重要领域，农村发展水平决定着全面建成小康社会和社会主义现代化强国的整体水平。我们任何时候都不要忘了农村改革的初心，巩固和完善社会主义制度，最终实现全体农民共同富裕！

中国社会科学院习近平新时代中国特色社会主义思想研究中心执行副主任

中国社会科学院中国特色社会主义理论体系研究中心副主任

中国社会科学院世界社会主义研究中心副主任

2018 年 9 月

生态文明建设关系人民福祉，关乎民族未来。"天育物有时，地生财有限"。生态环境没有替代品，用之不觉，失之难存，是一笔既买不来也借不到的宝贵财富。"历史地看，生态兴则文明兴，生态衰则文明衰。"①一个国家、一个民族的历史越是悠久，它对自然的开发和利用就往往越是深化而广泛，从而对它所在地区的环境破坏也就越加严重，以致完全可以用这样一句话来勾画文明人对自然的不文明——"文明人跨越过地球表面，在他们的足迹所过之处留下一片荒漠"②。一旦生态环境迅速恶化，人类文明也就随之衰落。这个历史教训必须牢记。我国是一个农业大国。农村地域辽阔，人口众多。重农固本是安民之基、治国之要。因此，农村生态文明建设对我国经济社会发展具有举足轻重的作用，关系着整个中华民族的生存和发展。

改革开放以来，我国经济发展取得巨大成就，同时也积累了大量生态环境问题，一段时间内，"农村环境已成为民心之痛、民生之患，严重影响人民群众生产生活，老百姓意见大、怨言多，甚至成为诱发社会不稳定的重要因素"，"农村环境直接影响米袋子、菜篮子、水缸子、城镇后花园"③。我国环境容量有限，环境承载能力已经达到或接近上限，独特的地理环境也加剧了地区间的不平衡。

---

① 中共中央文献研究室.习近平关于社会主义生态文明建设论述摘编[M].北京:中央文献出版社,2017:6.

② 弗·卡特,汤姆·戴尔.表土与人类文明[M].庄崚,鱼姗玲,译.北京:中国环境科学出版社,1987:5.

③ 习近平.推动我国生态文明建设迈上新台阶[J].求是,2019(3):4-19.

今天,"胡焕庸线"①东南方 43％的国土,居住着全国 94％左右的人口,以平原、水网、低山丘陵和喀斯特地貌为主,生态环境压力巨大;该线西北方 57％的国土,供养大约全国 6％的人口,以草原、戈壁沙漠、绿洲和雪域高原为主,生态系统非常脆弱。这种基本的资源环境国情决定了我们要始终高度重视生态环境保护问题。

2018 年 5 月 18 日,习近平总书记在全国生态环境保护大会上的讲话指出:"经过不懈努力,我国生态环境质量持续改善。同时,必须清醒看到,我国生态文明建设挑战重重、压力巨大、矛盾突出,推进生态文明建设还有不少难关要过,还有不少硬骨头要啃,还有不少顽瘴痼疾要治,形势仍然十分严峻。总体上看,我国生态环境质量持续好转,出现了稳中向好趋势,但成效并不稳固,稍有松懈就有可能出现反复,犹如逆水行舟,不进则退。生态文明建设正处于压力叠加、负重前行的关键期,已进入提供更多优质生态产品以满足人民日益增长的优美生态环境需要的攻坚期,也到了有条件有能力解决生态环境突出问题的窗口期。我国经济已由高速增长阶段转向高质量发展阶段,需要跨越一些常规性和非常规性关口。这是一个凤凰涅槃的过程。如果现在不抓紧,将来解决起来难度会更高、代价会更大、后果会更重。我们必须咬紧牙关,爬过这个坡,迈过这道坎。"还强调:"生态环境是关系党的使命宗旨的重大政治问题,也是关系民生的重大社会问题。"②2021 年 4 月 30 日,习近平总书记在主持第十九届中央政治局第二十九次集体学习时进一步指出:"当前,我国生态文明建设仍然面临诸多矛盾和挑战,生态环境稳中向好的基础还不稳固,从量变到质变的拐点还没有到来,生态环境质量同人民群众对美好生活的期盼相比,同建设美丽中国的目标相比,同构建新发展格局、推动高质量发展、全面建设社会主义现代化国家的要求相比,都还有较大差距。"③这些重要讲话,站在党和国家事业发展全局高度,全面总结了党的十八大以来生态文明建设取得的重大成就,科学分析了当前

---

① 1935 年,地理学家胡焕庸提出"瑷珲—腾冲一线",又称"胡焕庸线",首次揭示了中国人口分布规律。他提出,自黑龙江瑷珲(今黑河市)至云南腾冲画一条直线(约为 45°),线东南半壁 36％的土地供养了全国 96％的人口,西北半壁 64％的土地仅供养 4％的人口;二者平均人口密度比为 42.6∶1。

② 习近平.推动我国生态文明建设迈上新台阶[J].求是,2019(3):4-19.

③ 习近平.论把握新发展阶段、贯彻新发展理念、构建新发展格局[M].北京:中央文献出版社,2021:538.

面临的任务挑战,牢固确立了新时代推进生态文明建设的重要原则和政策举措,展现了强烈的使命担当,蕴含着深厚的民生情怀,具有宽广的全球视野,吹响了建设美丽中国的进军号角。

生态环境,也称自然环境或者地理环境,是阳光、空气、水、气候、土地、河流、湖泊、山脉、矿藏以及动植物资源等各种自然条件的总和。人与生态环境是相互依存、相互影响的共生关系。一方面,人是自然存在物,人因自然而生,受各种自然规律的制约,人的生存和发展一时一刻也离不开生态环境。生态环境是人类社会生存和发展永恒的、必要的条件,是人们生产和生活的自然基础。另一方面,人又是社会存在物,人在谋求自身生存和发展的过程中,不断地改造着生态环境,人的实践活动使"自在自然"日益转变为"人化自然"。生态环境的演化存在着不以人的意志为转移的客观规律,因而不能盲目地主观随意地改造生态环境。人类必须按自然规律办事,利用和改造生态环境,使之更好地服务于人类的生存和发展。如果违背自然规律,人类对大自然的伤害最终会伤及人类自身,遭到大自然的"报复"和"惩罚"。因此,保护生态环境是人类满足美好生活需要的基础。

人的需要是丰富的、多样的、全面的,并随着人类生存条件的变化而不断变化,不断地从"低级需要"向"高级需要"发展。美国心理学家马斯洛提出了著名的"需要层次理论",即人的生理需要、安全需要、归属和爱的需要、尊重的需要、自我实现的需要是一个由低到高不同层级排列的需要系统。一般情况下,当某种低层次的需要得到部分满足之后,就会向高层次的需要发展;而同一时期,一个人可能有几种需要,但每一时期总有一种需要占支配地位,对其行为起决定作用。马克思把人的需要划分为递进的三层级序列,即人的自然需要、人的社会需要以及人的自由而全面发展的需要。随着我国经济发展和生活水平的提升,人们的基本需要也在发生深刻变化,不但需要更多的物质财富和精神财富,而且对优美生态环境的追求与向往日益强烈。中国特色社会主义进入新时代,我国社会主要矛盾已经转化为人民日益增长的美好生活需要和不平衡、不充分的发展之间的矛盾。人民群众对美好生活的向往更加强烈,对优美生态环境的需要就是其中的一个重要方面。2018年9月21日,习近平总书记在第十九届中央政治局第八次集体学习时提出,我国发展最大的不平衡是城乡发展不平衡,最大的不充分是农村发展不充分。同时再次强调"没有农业农村现代化,就没有整个国家现代化"①。农村生态文明建设是我国社会主义现代化建设的重要内容,关系到我国整个生态文明建设的成败和国家现代化的实现。

　　古语有言,"农为邦本,食为政首"。我国自古以来就是一个典型的农耕文明国家,中国人对农村有着根深蒂固的"乡恋"和"乡愁"。习近平总书记指出:"在现代化进程中,城的比重上升,乡的比重下降,是客观规律,但在我国拥有近14亿人口的国情下,不管工业化、城镇化进展到哪一步,农业都要发展,乡村都不会消亡,城乡将长期共生并存,这也是客观规律。即便我国城镇化率达到70%,农村仍将有4亿多人口。如果在现代化进程中把农村4亿多人落下,到头来'一边是繁荣的城市、一边是凋敝的农村',这不符合我们党的执政宗旨,也不符合社会主义的本质要求。这样的现代化是不可能取得成功的!"②还指出:"中国要强,农业必须强;中国要美,农村必须美;中国要富,农民必须富。"③因此,中国的农村发展,必须从本国的国情出发,走出一条生产发展、生活富裕、生态良好的文明发展道路,给子孙后代留下天蓝、地绿、水净的美好家园。

　　2005年10月,党的十六届五中全会首次提出按照"生产发展、生活宽裕、乡风文明、村容整洁、管理民主"的要求建设社会主义新农村,在真正意义上揭开了中国农村生态文明建设的序幕。2017年10月,党的十九大提出实施乡村振兴战略,提出要坚持农业农村优先发展,按照"产业兴旺、生态宜居、乡风文明、治理有效、生活富裕"这20个字的总要求,建立健全城乡融合发展体制机制和政策体系,加快推进农业农村现代化。"生态宜居,是乡村振兴的内在要求。从'村容整洁'到'生态宜居',反映了农村生态文明建设质的提升,体现了广大农民群众对建设美丽家园的追求。"④2017年12月28日,习近平总书记在中央农村工作会议上指出:"实施乡村振兴战略是有

---

① 中共中央党史和文献研究院.习近平关于"三农"工作论述摘编[M].北京:中央文献出版社,2019:43.
② 中共中央党史和文献研究院.习近平关于"三农"工作论述摘编[M].北京:中央文献出版社,2019:44.
③ 中共中央党史和文献研究院.习近平关于"三农"工作论述摘编[M].北京:中央文献出版社,2019:3.
④ 中共中央党史和文献研究院.习近平关于"三农"工作论述摘编[M].北京:中央文献出版社,2019:22.

鲜明目标导向的。农业强不强、农村美不美、农民富不富,决定着亿万农民的获得感和幸福感,决定着我国全面小康社会的成色和社会主义现代化的质量。如期实现第一个百年奋斗目标并向第二个百年奋斗目标迈进,最艰巨最繁重的任务在农村,最广泛最深厚的基础在农村,最大的潜力和后劲也在农村。"①这把农村生态文明建设提升到了乡村振兴战略的高度。

农村生态文明建设是乡村振兴战略和生态文明建设双重推进中的一个重要社会议题,是乡村建设过程中的重要方面。"良好生态环境是农村最大优势和宝贵财富"②,但是由于我国经济发展过程中长期实行粗放型的经济发展模式,导致我国农村生态环境问题仍然十分突出。随着我国经济的快速发展,人们越来越认识到在人类向自然界索取的同时,不能破坏生态系统的平衡。党的十八大以来,以习近平同志为核心的党中央把生态文明建设作为统筹推进"五位一体"总体布局和协调推进"四个全面"战略布局的重要内容,生态文明建设从认识到实践都发生了历史性、转折性和全局性的变化,农村生态文明建设也迈出了重要的步伐。但是随着工业化、信息化、城镇化、农业现代化"四化同步"以及经济全球化的日益发展,农村生态环境保护的实际成效并不显著。目前我国农村生态环境局部得到改善的同时,整体状况并不乐观,环境污染加剧、自然生态质量下降的趋势没有得到根本扭转。我国农村地区的生产生活方式还未彻底转变。资源开发与利用不合理、大气环境污染严重、生态系统持续退化,仍然是制约农村经济社会发展的重要瓶颈,如果不从根本上加以解决,势必影响中国社会的发展。因此,要更加重视我国农村的生态文明建设,将农村的生态文明建设融入农村的经济建设、政治建设、文化建设和社会建设的全过程和各方面,加快推进美丽乡村建设,为建设美丽中国、实现中华民族永续发展创造条件。

---

① 中共中央党史和文献研究院.习近平关于"三农"工作论述摘编[M].北京:中央文献出版社,2019:11.
② 中共中央党史和文献研究院.习近平关于"三农"工作论述摘编[M].北京:中央文献出版社,2019:111.

目　　录

第一章

农村生态文明建设的重要意义、总体目标、基本原则和主要内容

农村生态环境是一个涵盖农村地区社会、经济、自然和人类活动等内容的复合系统,简言之,是指农村地区范围内所有自然因素的总和,涵盖资源、生产和生活环境等多个方面,既包括地表水、土壤等天然环境内容,也包括道路、构筑物等经过人工改造的环境内容。① 农村生态文明建设,功在当代,利在千秋。把农村生态环境保护好,有利于持续维护和发展农村社会生产力,不断提升人民生活水平,从而为建设富强民主文明和谐美丽的社会主义现代化强国奠定坚实基础。

第一节　农村生态文明建设的重要意义

生态文明建设是关系中华民族永续发展的根本大计,是中国发展史上的一场深刻变革。农村生态文明建设是整个社会主义生态文明建设的重要组成部分。我国农村生态环境还没有根本好转,农民生态文明意识还很薄弱,城乡二元结构还没有根本改变,因此加强农村生态文明建设具有十分重要的意义。

一、农村生态文明建设是提升农民幸福指数的有力举措

农村,也称乡村。关于农村的含义,《现代汉语词典》给出的解释是

---

① 汪蕾,冯晓菲.我国农村生态环境治理存在问题及优化——基于产权配置视角[J].理论探讨,2018(4):106-111.

"以从事农业生产为主的人聚居的地方",而乡村则是"主要从事农业、人口分布较城镇分散的地方"。① 许多国家以及世界银行都把"镇"划在农村范围内,将"城市"而不是"城镇"作为与乡村相对应的概念。但考虑到我国的特殊国情,我国的乡村并不包括镇。1983 年 10 月,中共中央发出《关于实行政社分开建立乡政府的通知》,规定建立乡镇政府作为基层政权组织,突出了镇的城市特质。因此,在我国,农村通常是指较好地保留了大自然原有的景观,具有特定的社会经济条件,以从事农业生产为主的劳动者聚居的地方,是不同于城市、城镇而从事农业的农民聚居地。跟人口相对集中的城镇比较,农村地区人口呈散落居住状态。改革开放后随着城市化进程的加快,越来越多的农民进城务工,使农村人口数量越来越少,城镇化率越来越高。2021 年 5 月 11 日发布的第七次全国人口普查结果显示,全国人口② 1411778724 人中,居住在城镇的人口为 901991162 人,占 63.89%;居住在乡村的人口为 509787562 人,占 36.11%。与 2010 年第六次全国人口普查结果相比,城镇人口增加 236415856 人,乡村人口减少 164361984 人,城镇人口比重上升 14.21 个百分点(见图 1-1)。③

农民幸福感,又称农民生活满意度,是农民对持续一段时间的生活状况总体性的认知评估与评价,而农民幸福指数则是衡量农民幸福感具体程度的主观计量数值。④ 2012 年 11 月 15 日,习近平总书记在中共十八届中央政治局常委同中外记者见面会上讲到:"我们的人民热爱生活",期盼有"更舒适的居住条件、更优美的环境","人民对美好生活的向往,就是我

---

① 中国社会科学院语言研究所词典编辑室.现代汉语词典[M].7 版.北京:商务印书馆,2016:960,1426.

② 全国人口是指大陆 31 个省、自治区、直辖市和现役军人的人口,不包括居住在 31 个省、自治区、直辖市的港澳台居民和外籍人员。

③ 第七次全国人口普查公报(第七号)——城乡人口和流动人口情况[EB/OL].国家统计局网,2021-05-11. http://www.stats.gov.cn/tjsj/zxfb/202105/t20210510_1817183.html.

④ 罗魁,周丽,付雪薇,等.中国农民幸福感研究现状与展望[J].农村经济与科技,2020(5):287-290.

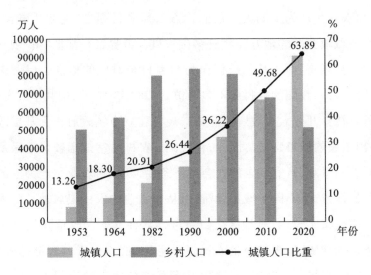

图 1-1　历次人口普查城乡人口

们的奋斗目标。人世间的一切幸福都需要靠辛勤的劳动来创造"。[1] 让人民生活得更加幸福是党和国家对 14 亿人民做出的庄严承诺。"你幸福吗"也成为近年来社会各界热议的话题。在中国,农民是最大的基数,没有农民的幸福就不会有中国国民的幸福。那么,现阶段,农民的幸福感如何呢? 2014 年 5 月,华中师范大学中国农村研究院依托"百村观察"项目,围绕农民客观的生活条件与主观的生活感受进行了问卷调查,在农民幸福的框架内细分为 7 个二级指标和 30 个三级指标,在湖北武汉发布我国第一个"农民幸福指数",经过数据测算,我国农民的幸福指数为 0.5578(1 为满值)[2],属于中等水平。

人民幸福、生活富裕是农村生态文明建设的根本出发点,也是农村发展的最终目标。习近平总书记指出:"纵观世界发展史,保护生态环境就是保护生产力,改善生态环境就是发展生产力。良好生态环境是最公平的公共产品,是最普惠的民生福祉。对人的生存来说,金山银山固然重

① 习近平.论把握新发展阶段、贯彻新发展理念、构建新发展格局[M].北京:中央文献出版社,2021:22.
② 农民幸福指数[EB/OL].[2016-09-25].http://ccrs.ccnu.edu.cn/List/Details.aspx? tid = 1941.

要,但绿水青山是人民幸福生活的重要内容,是金钱不能代替的。你挣到了钱,但空气、饮用水都不合格,哪有什么幸福可言。"①"人民群众对环境问题高度关注,可以说生态环境在群众生活幸福指数中的地位必然会不断凸显。随着经济社会发展和人民生活水平不断提高,环境问题往往最容易引起群众不满,弄得不好也往往最容易引发群体性事件。"②新时代农村生态文明建设的根本,就是建设人民幸福、环境优美的美丽乡村。"环境就是民生,青山就是美丽,蓝天也是幸福。"③随着生活水平不断提高,老百姓现在吃饱穿暖了,热切期盼天更蓝、山更绿、水更清、环境更优美。

乡村振兴战略"20字方针"对我国农村生态文明建设和农村经济社会发展提出了具体要求。"实施乡村振兴战略,要顺应农民新期盼,立足国情农情,以产业兴旺为重点、生态宜居为关键、乡风文明为保障、治理有效为基础、生活富裕为根本,推动农业全面提升、农村全面进步、农民全面发展。"④农村生态文明建设的具体化措施必须以人民为中心,应落到农民最关切的实处,积极回应农民群众所想、所盼、所急,服务于广大农民群众。

农民幸福指数的提高是农民内心最关切和期盼的,农民获得感、幸福感和安全感最直接的表现是生活富裕,这一目标要通过农村生态文明建设、农村经济稳步提升来实现。以生态协调稳定为保障,以生态环境的保护和治理为动力,推动农村社会发展和进步。绝不能以牺牲生态环境为代价换取经济的一时发展。实施乡村振兴战略是实现全体人民共同富裕的必然选择。农业强不强、农村美不美、农民富不富,关乎亿万农民的获得感、幸福感、安全感。乡村振兴,生态宜居是关键。加强农村生态文明

---

① 中共中央文献研究室.习近平关于社会主义生态文明建设论述摘编[M].北京:中央文献出版社,2017:4.
② 中共中央文献研究室.习近平关于社会主义生态文明建设论述摘编[M].北京:中央文献出版社,2017:84.
③ 中共中央文献研究室.习近平关于社会主义生态文明建设论述摘编[M].北京:中央文献出版社,2017:8.
④ 中共中央党史和文献研究院.习近平关于"三农"工作论述摘编[M].北京:中央文献出版社,2019:16.

建设,有利于推动乡村自然资本加快增值,实现百姓富、生态美的统一。

二、农村生态文明建设是建设美丽中国的客观要求

生态文明是工业文明发展到一定阶段的产物,是在对工业文明带来严重生态危机进行深刻反思的基础上逐步形成的一种新的文明形态,是在人类利用自然和改造自然的过程中,更加注重保护自然,追求人与自然和谐共生的一种社会形态。从区域角度看,可以把生态文明划分为城镇生态文明和农村生态文明。农村生态在我国整个生态系统中占有十分重要的地位,建设农村生态文明是实施可持续发展战略和乡村振兴战略、建设社会主义和谐农村的具体体现,也是防止整个生态系统恶化的关键所在。

党的十八大报告指出:"把生态文明建设放在突出地位,融入经济建设、政治建设、文化建设、社会建设各方面和全过程,努力建设美丽中国,实现中华民族永续发展。"美丽乡村建设是推进美丽中国建设、实施乡村振兴战略的核心内容和重要载体。徐令义认为,我们要建设的美丽乡村,集中体现在五个"美"的建设上:一是环境之美,规划合理、设施配套,村容整洁、绿化美化,公共服务日臻完善、自然生态有效保护,乡村环境宜居、宜业、宜人。二是风尚之美,家庭和睦、民风淳朴,文明有礼、移风易俗,崇德向善、守望相助,形成讲道德、尊道德、守道德的村风民俗。三是人文之美,文化繁荣、底蕴深厚,耕读传家、以义化人,充满乡土气息、富于时代精神,使农民群众享有健康的精神世界、建设农村各具特色的精神家园。四是秩序之美,学法用法、遵纪守法,民主法制、村务公开,风清气正、和谐稳定,社会有效治理,维护公平正义,农村安定祥和、农民安居乐业。五是创业之美,吃苦耐劳、勤劳致富,勇于创新、诚信经营,刻苦钻研技术、推进产业升级,集体经济发展、有钱办事理事,拥有良好的创业创新环境。我们建设美丽乡村的最终目的,就是要让农民群众养成美的德行、得到美的享

受、过上美的生活,让城乡之间、乡村之间各美其美、美美与共,用无数的美丽乡村共筑美丽中国。① 美丽乡村建设涵盖"产业兴旺、生态宜居、乡风文明、治理有效、生活富裕"乡村振兴战略总要求的全部内容。

美丽乡村建设既是美丽中国建设的重要内容,也是城乡协调发展的有力措施。没有农业和农村的绿色发展,就没有整个中国的绿色发展。生态文明建设的关键在农村,最艰巨最繁重的任务在农村,最广泛最深厚的基础在农村,最大的潜能和活力也在农村。农村生态文明建设是生态文明建设的紧要点,关系到国家整体生态文明建设的成败。实施乡村振兴战略是建设美丽中国的关键举措。农业是生态产品的重要供给者,乡村是生态涵养的主体区,生态是乡村最大的发展优势。推进美丽乡村建设,提升农村生态系统、生产系统以及农村人居环境健康水平,既可以满足农民对优美绿水青山的生态需要,也可以为生产优质安全农产品提供良好的生态资源基础。实施乡村振兴战略,统筹山水林田湖草沙冰系统治理,加快推动乡村绿色发展,加强农村人居环境整治,有利于构建人与自然和谐共生的乡村发展新格局,"让农业成为有奔头的产业,让农民成为有吸引力的职业,让农村成为安居乐业的美丽家园"②。

三、农村生态文明建设是实施农业标准化的有效途径

农业标准化是以农业为对象的标准化活动,指对农业生产的产前、产中和产后全过程进行规范化运作、标准化控制,促进先进农业科学技术迅速推广,确保农产品的质量安全,规范农产品流通和交易秩序,从而提高

---

① 建设美丽乡村 扮靓美丽中国——专访中央文明办专职副主任徐令义[N].学习时报,2014-09-03.

② 中共中央党史和文献研究院.习近平关于"三农"工作论述摘编[M].北京:中央文献出版社,2019:15.

农业的经济、社会和生态效益。其内涵是农业的生产经营活动要以市场的特定需求为导向,建立健全规范的工艺流程和衡量标准。农产品(食品)安全是目标,农业标准化生产和管理是手段。在国外,特别是欧美和日本等发达国家,农业标准化的程度普遍较高,从农产品生产、贮藏、加工到运销,以及生产资料的供应和技术服务等,全过程实现了标准化。例如农民在种植某种作物时,用什么品种、何时下种、何时施肥、施多少肥、何时采摘、收获物按何种规格和标准进行分级、分类,等等,都有严格的规定。目前,农业标准化已成为世界农业发展的趋势,代表了现代优质、高效农业发展的方向。

农业标准化是现代农业的一个重要标志,没有农业的标准化就没有农业的现代化。习近平总书记指出:"农业发展不仅要杜绝生态环境欠新账,而且要逐步还旧账。要推行农业标准化清洁生产,完善节水、节肥、节药的激励约束机制,发展生态循环农业,更好保障农畜产品安全。对山水林田湖实施更严格的保护,加快生态脆弱区、地下水漏斗区、土壤重金属污染区治理,打好农业面源污染治理攻坚战。"①还指出,"把住生产环境安全关,就要治地治水,净化农产品产地环境。有的材料说,全国有约百分之十九点四的耕地受到污染,其中中度和重度污染的占百分之二点九;有百分之七十的江河湖泊受到不同程度的污染。重金属污染也很严重,长三角、珠三角重金属污染区很多,水污染也很严重。土地是农产品生长的载体和母体,只有土地干净,才能生产出优质的农产品"②。

实施农业标准化,有利于提升农业产业竞争力和农业综合生产能力。用工业化的理念谋划农业发展,用工业化的生产经营方式经营农业,能够有效促进农业内部分工,实行专业化生产、集约化经营、社会化服务,可以实现农业行业各环节、各方面资源的优化配置,有利于在现有自然资源和

---

① 中共中央党史和文献研究院.习近平关于"三农"工作论述摘编[M].北京:中央文献出版社,2019:107.

② 中共中央文献研究室.习近平关于社会主义生态文明建设论述摘编[M].北京:中央文献出版社,2017:50.

科学技术水平条件下实现最大的产出,提高农业产业的整体质量和效益。

实施农业标准化,有利于科技成果转化为现实的生产力。一项农业科研成果一旦纳入相应标准,就有可能迅速在农业生产大面积上得到推广和应用。因而,加强农业标准化工作,建立健全农业标准体系和监测体系,对于加快推广应用农业科学技术,加速农业科技成果向现实生产力转化,提高农产品的质量、产量及其附加值,推进农业现代化进程具有重要意义。

实施农业标准化,有利于促进生产与市场的对接。从国内看,随着人民生活水平显著提高,对发展高产、优质、高效、生态、安全农产品的要求更加紧迫,无公害农产品、绿色食品、有机农产品、地理标志农产品广受消费者青睐。农产品的标准成为实现安全消费、评价产品质量和衡量产品价值的重要依据。从国际上看,我国加入 WTO 后,农产品参与国际市场竞争的机会增加了,但我们的农产品出口经常遭遇技术性贸易壁垒。高水平的农业标准必将成为农产品和农业生产技术进入国际领域和参与国际市场竞争的"通行证"。

实施农业标准化,有利于转变农业部门的职能,履行好农产品质量安全监管职责。用标准来规范各责任主体在农业产地环境治理、农业投入品使用、农业生产过程、农产品收获、农产品包装上市等各个环节的行为,以标准为手段,向农业各行业、各环节渗透农产品质量安全监管措施,是市场经济条件下各级政府和农业部门行政职能强化的具体体现。

总之,通过农业标准化的推行,农产品生产企业和广大农户应用先进的农业技术标准和良好操作规程的意识逐步增强,农产品质量、效益和安全水平不断提高。据农业农村部监测,全国第一批 100 个无公害农产品示范区生产的蔬菜、水果、茶叶合格率均达到 95% 以上。尽管我国的农业标准化和食品安全工作取得了可喜的成绩,但农业标准化与经济社会的快速发展仍然不相适应。实施农业标准化、保障食品安全,是一项艰巨且长远的民生工程。提高食品质量、实现食品质量安全任重道远,但我们坚信,有党和政府的高度重视,有农村生态文明建设和实施乡村振兴战略的大环境,有全社会的齐抓共管和综合治理,我们一定能在现有工作的基础上不断开创农业标准化和食品安全工作的新局面。

第二节　农村生态文明建设的总体目标和基本原则

目标是行动前进的方向,原则是约束行为的灯塔。习近平总书记指出:"生态环境保护是功在当代、利在千秋的事业。在这个问题上,我们没有别的选择。全党同志都要清醒认识保护生态环境、治理环境污染的紧迫性和艰巨性,清醒认识加强生态文明建设的重要性和必要性,真正下决心把环境污染治理好、把生态环境建设好,为人民创造良好生产生活环境。"①习近平生态文明建设思想为推进美丽乡村建设、实现人与自然和谐共生的现代化提供了方向指引和根本遵循。

一、农村生态文明建设的总体目标

党的十九大提出实施乡村振兴战略,把"美丽"列入社会主义现代化强国目标之一,这意味着生态文明建设被摆在了更加突出的位置,成为一项功在当代、利在千秋的大事、要事。农村生态文明建设作为生态文明建设的重要组成部分,在全面建成小康社会进程中起着关键作用。2018 年中央一号文件《中共中央国务院关于实施乡村振兴战略的意见》中进一步

---

① 中共中央文献研究室.习近平关于社会主义生态文明建设论述摘编[M].北京:中央文献出版社,2017:7.

明确翔实地提出了乡村振兴战略的目标任务,指明农村生态文明建设的总体目标是到 2020 年,农村基础设施建设深入推进,农村人居环境明显改善,美丽宜居乡村建设扎实推进;农村生态环境明显好转,农业生态服务能力进一步提高。到 2035 年,农村生态环境根本好转,美丽宜居乡村基本实现。到 2050 年,乡村全面振兴,农业强、农村美、农民富全面实现。① 农村生态文明建设,要走出一条生产发展、生活富裕、生态良好的文明发展道路。

二、农村生态文明建设的基本原则

农村生态文明建设是一项涵盖农村经济、政治、文化、社会、环境、资源等各个方面的系统性综合工程,涉及农村经济社会发展的各个领域、各个方面,关系到农民群众的切身利益。农村生态文明建设要有章可循,有法可依,沿着正确的方向前进,积极、稳妥、健康地开展,必须坚持一系列基本原则。

2015 年 5 月,《中共中央国务院关于加快推进生态文明建设的意见》提出坚持把节约优先、保护优先、自然恢复为主作为基本方针,坚持把绿色发展、循环发展、低碳发展作为基本途径,坚持把培育生态文化作为重要支撑等基本原则。②

2018 年 1 月,《中共中央国务院关于实施乡村振兴战略的意见》出台,明确规定了乡村振兴坚持党管农村工作,坚持农业农村优先发展,坚持农民主体地位,坚持乡村全面振兴,坚持城乡融合发展,坚持人与自然和谐共生,坚持因地制宜、循序渐进等基本原则。③

2018 年 5 月 18 日,习近平总书记在全国生态环境保护大会上提出了

---

① 中共中央国务院关于实施乡村振兴战略的意见[N].人民日报,2018-02-05.
② 中共中央国务院关于加快推进生态文明建设的意见[N].人民日报,2015-05-06.
③ 中共中央国务院关于实施乡村振兴战略的意见[N].人民日报,2018-02-05.

新时代推进生态文明建设的六项原则,即坚持人与自然和谐共生、绿水青山就是金山银山、良好生态环境是最普惠的民生福祉、山水林田湖草是生命共同体、用最严格制度最严密法治保护生态环境、共谋全球生态文明建设。①

农村生态文明建设是整个国家生态文明建设的重要组成部分,是乡村振兴战略实施的重要基础。农村生态文明建设应以习近平总书记提出的新时代推进生态文明建设必须坚持的六项原则为根本遵循,以创新、协调、绿色、开放、共享的发展理念为引领,结合实施乡村振兴战略中应遵循的基本原则,按照全面建设社会主义现代化国家的根本要求,扎实推进农村生态文明建设工作有效开展。农村生态文明建设必须坚持以下基本原则。

第一,坚持党的全面领导。毫不动摇地坚持和加强党对农村生态文明建设工作的领导,健全党管农村生态文明建设工作方面的领导体制机制和党内法规,确保党在农村生态文明建设工作中始终总揽全局、协调各方,为农村生态文明建设提供坚强有力的政治保障。

第二,政府主导,公众参与。充分发挥各级政府的主导作用,落实政府保护农村生态环境的责任。维护农民生态环境权益,加强农民生态环境教育,建立和完善公众参与机制,鼓励和引导农民及社会力量参与、支持农村生态文明建设。

第三,统筹规划,突出重点。农村生态文明建设是一项系统工程,涉及农村生产和生活的各个方面,要统筹规划、分步实施。重点抓好农村饮用水水源地环境保护和饮用水水质卫生安全、农村改厕和粪便管理、生活污水和垃圾处理、农村环境卫生综合整治、农村地区工业污染防治、规模化畜禽养殖污染防治、土壤污染治理、农村自然生态保护。

第四,因地制宜,分类指导。科学把握乡村的差异性和发展走势分化特征,做好顶层设计,注重因势利导,分类施策,体现特色、丰富多彩。既

---

① 习近平.推动我国生态文明建设迈上新台阶[J].求是,2019(3):4-19.

尽力而为,又量力而行,不搞层层加码,不搞一刀切,不搞形式主义和形象工程,久久为功,扎实推进。结合各地实际,按照东中西部自然生态环境条件和经济社会发展水平,采取不同的农村生态文明建设对策和措施。

第五,依靠科技,创新机制。加强农村生态环保适用技术研究、开发和推广,充分发挥科技支撑作用,以技术创新促进农村生态环境问题的解决。积极创新农村生态环境管理政策,优化整合各类资金,建立政府、企业、社会多元化投入机制。

第三节 农村生态文明建设的主要内容

生态文明是人类为保护和建设美好生态环境而取得的物质成果、精神成果和制度成果的总和。建设生态文明,并不是放弃对物质生活的追求,回到原生态的生活方式,而是超越和扬弃粗放型的发展方式和不合理的消费模式,提升全社会的文明理念和素质,使人类活动限制在自然环境可承受的范围内,走生产发展、生活富裕、生态良好的文明发展道路。建设生态文明,以把握自然规律、尊重自然为前提,以人与自然、环境与经济、人与社会和谐共生为宗旨,以资源环境承载力为基础,以建立可持续的产业结构、生产方式、消费模式以及增强可持续发展能力为着眼点,以建设资源节约型、环境友好型社会为本质要求。

2015年5月,中共中央、国务院发布《关于加快推进生态文明建设的意见》,提出要从八个方面具体加快推进生态文明建设:强化主体功能定位,优化国土空间开发格局;推动技术创新和结构调整,提高发展质量和效益;全面促进资源节约循环高效使用,推动利用方式根本转变;加大自然生态系统和环境保护力度,切实改善生态环境质量;健全生态文明制度体系;加强生态文明建设统计监测和执法监督;加快形成推进生态文明建设的良好社会风尚;切实加强组织领导。① 这是继党的十八大和十八届三中、四中全会对生态文明建设做出顶层设计后,党中央和国务院对生态文明建设的又一次全面部署。

2018年5月18日,习近平总书记在全国生态环境保护大会上提出,在历史交汇期解决生态环境问题必须加快建立健全五大生态文明体系:以生态价值观念为准则的生态文化体系,以产业生态化和生态产业化为主体的生态经济体系,以改善生态环境质量为核心的目标责任体系,以治理体系和治理能力现代化为保障的生态文明制度体系,以生态系统良性循环和环境风险有效防控为重点的生态安全体系。② 通过加快构建生态文明体系,努力实现生态环境质量根本好转。

2018年9月,中共中央、国务院印发《乡村振兴战略规划(2018—2022年)》,从构建乡村振兴新格局、加快农业现代化步伐、发展壮大乡村产业、建设生态宜居的美丽乡村、繁荣发展乡村文化、健全现代乡村治理体系、保障和改善农村民生、完善城乡融合发展政策体系和规划实施等方面对实施乡村振兴战略做出了阶段性谋划。③

目前,我国学术界对农村生态文明建设的主要内容没有权威的定论,这里我们以全国农村生态文明建设和农业农村建设的系列指导性文件为依据,对农村生态文明建设的主要内容做一个尝试性的探索。

一、推进农业绿色发展

习近平总书记指出,"绿色发展是生态文明建设的必然要求,代表了

---

① 中共中央国务院关于加快推进生态文明建设的意见[N].人民日报,2015-05-06.
② 习近平.推动我国生态文明建设迈上新台阶[J].求是,2019(3):4-19.
③ 中共中央国务院印发《乡村振兴战略规划(2018—2022年)》[N].人民日报,2018-09-27.

当今科技和产业变革方向,是最有前途的发展领域"①。农业绿色发展是农业发展观的一场深刻革命。推进农业绿色发展,要以生态环境友好和资源永续利用为导向,推动形成农业绿色生产方式,实现投入品减量化、生产清洁化、废弃物资源化、产业模式生态化,提高农业可持续发展能力。

第一,推进资源全面节约和严格保护。资源是经济发展之本。我国农业资源总量大、人均少、质量不高,主要农业资源人均占有量与世界平均水平相比普遍偏低。全面节约和严格保护资源,才能有效破解我国农业发展面临的资源难题,实现绿色发展的目标。一是树立节约优先的理念。要时时处处把节约放在前面,培育节约意识,养成自觉行为,形成有利于资源节约和高效利用的空间格局、产业结构、生产方式和消费模式。二是实施国家农业节水行动,建设节水型乡村。三是加强耕地资源保护。坚持最严格的耕地保护制度和最严格的节约用地制度,着力加强耕地数量、质量、生态"三位一体"保护,着力加强耕地管控、建设、激励多措并举保护。四是加强种质资源保护和利用。种质资源既是发展种业的种源,也是人类社会可持续发展的根本。要加强种子库建设,全面普查动植物种质资源,推进种质资源收集保存、鉴定和利用。五是强化渔业资源管控与养护。实施海洋渔业资源总量管理、海洋渔船"双控"和休禁渔制度,科学划定江河湖海限捕、禁捕区域,建设水生生物保护区、海洋牧场。

第二,推进农业清洁生产和循环利用。一是加强农业投入品规范化管理,健全投入品追溯系统。推进化肥农药减量施用,完善农药风险评估技术标准体系,严格饲料质量安全管理。二是实施循环发展引领计划,推进生产和生活系统循环链接,加快废弃物资源化利用。按照物质流和关联度统筹产业布局,推进园区循环化改造,建设工农复合型循环经济示范区。健全再生资源回收利用网络,加强生活垃圾分类回收与再生资源回

---

① 中共中央文献研究室.习近平关于社会主义生态文明建设论述摘编[M].北京:中央文献出版社,2017:34.

收的衔接。三是加快推进种养循环一体化,建立农村有机废弃物收集、转化、利用网络体系,推进农林产品加工剩余物资源化利用,深入实施秸秆禁烧制度和综合利用,开展整县推进畜禽粪污资源化利用试点。推进废旧地膜和包装废弃物等回收处理。探索农林牧渔融合循环发展模式,修复和完善生态廊道,恢复田间生物群落和生态链,建设健康、稳定的田园生态系统,提升田园生态系统的稳定性和生态服务功能。

第三,着力解决农业生态环境突出问题。一是强化土壤污染管控和修复。深入实施土壤污染防治行动计划;要以农用地和重点行业企业用地为重点,开展土壤污染状况详查;积极推进重金属污染耕地等受污染耕地分类管理和安全利用,有序推进治理与修复;要加强固体废弃物和垃圾处置,加快建立生活垃圾分类处理系统,提高危险废弃物处置水平,夯实化学品风险防控基础,防止污染土壤和地下水。二是加快水污染防治。要系统推进水环境治理、水生态修复、水资源管理和水灾防治,大力整治不达标水体、黑臭水体和纳污坑塘,严格保护良好水体和饮用水水源。加大地下水超采治理,控制地下水漏斗区、地表水过度利用区用水总量,加强地下水污染综合防治。三是加强农业面源污染综合防治。要深入推进重点区域农业面源污染防治,以化肥农药减量化、规模以下畜禽养殖和水产养殖等污染防治为重点,因地制宜建立农业面源污染防治技术库;完善农业面源污染防治政策机制,健全法律法规制度,完善标准体系,优化经济政策,建立多元共治模式;加强农业面源污染治理监督管理,建设监管平台,逐步提升监管能力。

二、持续改善农村人居环境

习近平总书记指出,"良好人居环境,是广大农民的殷切期盼,一些农村'脏乱差'的面貌必须加快改变"①。持续改善农村人居环境,要以建设美丽、宜居村庄为导向,以农村垃圾、污水治理和村容村貌提升为主攻方向,开展农村人居环境整治行动,全面提升农村人居环境质量。

第一,强化典型示范。深入持久地学习并推广浙江"千村示范、万村整治"经验,重点学习并推广浙江省坚持领导重视、统筹协调、因地制宜、精准施策,不搞政绩工程、形象工程,一件事情接着一件事情办,一年接着一年干,久久为功的精神和做法,进一步动员干部群众,振奋精神,明确目标,细化措施,促进工作不断进步。要推动农村人居环境整治工作从典型示范总体转向面上推开。指导各地组织实施好各具特色的"千万工程",提炼推广一批经验做法、技术路线和建管模式。

第二,着力提升村容村貌。良好的村容村貌不仅体现着一个村庄及其村民的精神风貌,而且有利于提升农民群众的居住环境和生活质量。我国村庄众多,这些村庄的自然条件、经济发展水平以及人们的生活习俗等方面都存在很大的差别,因此村庄整治以及村容村貌的提升需要结合当地的实际情况,因地制宜,探索创新。要科学规划村庄建筑布局,大力提升农房设计水平,尽量保留原有房屋、原有风格、原有绿化,突出乡土特色和地域民族特点。村庄整治要立足已有的基础,量力而行,重点解决农民急需的道路、供水、排水等基础设施。整治公共空间和庭院环境,消除私搭乱建、乱堆乱放,切实使农村村容村貌得到根本改观,旧貌换新颜。

第三,建立健全整治长效机制。完善农村人居环境标准体系。规范处置生活垃圾和生活污水,规范保护农村饮用水源,规范防治畜禽养殖污染。全面推行环境网格化监管体系建设,建立县、镇、村(社区)三级"网格化"管理,夯实农村环境保护工作基础。各级环保部门对上级督查、媒体曝光、群众投诉、自行检查发现的环境问题,要建立环境日常监管台账,限期整改,限期销号。建立通报制度,及时督促整改,严肃追究问责,坚持明

① 中共中央党史和文献研究院.习近平关于"三农"工作论述摘编[M].北京:中央文献出版社,2019:113-114.

察暗访工作的规范化、常态化。注重培养先进典型,树立样板,召开现场会、推进会、表彰会,抓点带面,推进工作。按照"污染者付费"的原则,推行环境治理依效付费制度,健全服务绩效评价考核机制。

三、加强乡村生态保护与修复

习近平总书记指出,"加快推进生态保护修复。要坚持保护优先、自然恢复为主,深入实施山水林田湖一体化生态保护和修复"[1]。要大力实施乡村生态保护与修复重大工程,完善重要生态系统保护制度,促进乡村生产、生活环境稳步改善,自然生态系统功能和稳定性全面提升,生态产品供给能力进一步增强。

第一,实施重要生态系统保护和修复重大工程。要认真贯彻落实主体功能区战略,以国家生态安全战略格局为基础,以国家重点生态功能区、生态保护红线、国家级自然保护地等为重点,突出对国家重大战略的生态支撑,统筹考虑生态系统的完整性、地理单元的连续性和经济社会发展的可持续性,实施以青藏高原生态屏障区、黄河重点生态区(含黄土高原生态屏障)、长江重点生态区(含川滇生态屏障)、东北森林带、北方防沙带、南方丘陵山地带、海岸带等"三区四带"为核心的全国重要生态系统保护和修复重大工程,全面加强生态保护和修复工作。

第二,建立健全国土空间开发保护和重要生态系统保护制度。完善主体功能区制度,健全国土空间用途管制制度,健全国家公园体系,完善自然资源监管体制,着力解决因无序开发、过度开发、分散开发导致的优质耕地和生态空间占用过多、生态破坏、环境污染等问题。完善天然林和公益林保护制度,进一步细化各类森林和林地的管控措施或经营制度。

---

① 中共中央文献研究室.习近平关于社会主义生态文明建设论述摘编[M].北京:中央文献出版社,2017:77.

完善草原生态监管和定期调查制度,严格实施草原禁牧和草畜平衡制度,全面落实草原经营者生态保护主体责任。完善荒漠生态保护制度,加强沙区天然植被和绿洲保护。全面推行河长制、湖长制、湾长制、林长制,鼓励将河长、湖长、湾长、林长体系延伸至村一级。

第三,健全资源有偿使用和生态补偿制度。资源节约和环境保护必须建立在有效的体制机制基础上,资源有偿使用制度和生态环境补偿机制是资源节约和环境保护体制机制改革的重要举措。造成我国资源环境问题的原因是多方面的,但长期存在的廉价或无偿的资源使用制度是资源浪费和环境污染的根本原因。因此,要加快自然资源及其产品价格改革,完善土地、矿产资源、海域海岛的有偿使用制度,加强环境税费改革,探索建立多元化补偿机制,完善生态保护修复资金使用机制,建立耕地草原河湖休养生息制度,着力解决自然资源及其产品价格偏低、生产开发成本低于社会成本、保护生态得不到合理回报等问题。引导全社会树立生态产品有价、保护生态人人有责的意识,自觉抵制不良行为,营造珍惜环境、保护生态的良好氛围。

第二章

农村生态文明建设的理论基础

新中国成立初期,在社会主义建设实践中我们党对农村生态文明建设理念有了初步认识,不断探索农村生态文明建设道路。随着改革开放的推进,我们党对农村生态文明建设的认识和实践进一步深化。党的十八大以来,生态文明理念已经深入人心。探究农村生态文明建设的理论基础,对推进我国农村生态文明建设具有重要的理论意义和实践价值。我国农村生态文明建设必须以马克思主义特别是习近平新时代中国特色社会主义思想为指导,高度重视中国传统文化的生态思想瑰宝,还要吸收和借鉴西方发达资本主义国家生态环境保护理论中的优秀成果。

第一节 马克思主义创始人的生态农业思想①

马克思和恩格斯是马克思主义创始人。他们生活的时代,虽然人与自然、经济与环境的矛盾尚不突出,他们也没有专门论述农村生态文明建设的专著,但是他们高瞻远瞩,在卷帙浩繁的著作中,对人与自然的关系进行了深切的关注,包含着丰富而深刻的生态文明建设思想,为中国共产党的农村生态文明建设提供了原创性的思考和方法论基础。

一、"自然的异化"思想

马克思早在《1844 年经济学哲学手稿》中就指出,"自然界,就它自身不是人的身体而言,是人的无机的身体。人靠自然界生活。这就是说,自

① 本节内容出自作者和他人合著论文《马克思生态农业思想的当代价值》,有改动.

然界是人为了不致死亡而必须与之处于持续不断的交互作用过程的、人的身体。所谓人的肉体生活和精神生活同自然界相联系,不外是说自然界同自身相联系,因为人是自然界的一部分。"①人不仅从自然界中获取维持生存所需要的物质资料,而且还通过劳动实践在不断促进生产力发展的基础上实现人与自然的和谐发展。马克思敏锐地察觉到在经济理性统摄下,资本主义农业所造成的自然生态的严重失衡及紊乱。正如马克思所述,在北美地区,"绝大部分的土地是自由农的劳动开垦出来的,而南部的大地主用他们的奴隶和掠夺性的耕作制度耗尽了地力,以致在这些土地上只能生长云杉,而棉花的种植则不得不越来越往西移"②。在欧洲,这种对自然生态的摧残和破坏甚至更为严重,"阿尔卑斯山的意大利人,当他们在山南坡把那些在山北坡得到精心保护的枞树林砍光用尽时,没有预料到,这样一来,他们就把本地区的高山畜牧业的根基毁掉了;他们更没有预料到,他们这样做,竟使山泉在一年中的大部分时间内枯竭了,同时在雨季又使更加凶猛的洪水倾泻到平原上"③。至于美索不达米亚、希腊、小亚细亚以及其他各地,由于人类对自然无休止地滥用、掠夺和盘剥,原初的自然生态已近乎被破坏殆尽:当地的居民"为了得到耕地,毁灭了森林,但是他们做梦也想不到,这些地方今天竟因此而成为不毛之地,因为他们使这些地方失去了森林,也就失去了水分的积聚中心和贮藏库"④。总之,伴随着经济理性的高歌猛进,资本主义农业在世界各地疯狂扩张并不断留下残酷盘剥、肆意掠夺自然的案例:"地力损耗——如在美国;森林消失——如在英国和法国,目前在德国和美国也是如此;气候改变、江河干涸在俄国大概比其他任何地方都厉害"⑤。

　　马克思把在经济理性操纵下人类对自然的粗暴践踏而引致自然对人

---

① 马克思恩格斯文集(第1卷)[M].北京:人民出版社,2009:161.
② 马克思恩格斯文集(第9卷)[M].北京:人民出版社,2009:184.
③ 马克思恩格斯选集(第3卷)[M].北京:人民出版社,2012:998.
④ 马克思恩格斯选集(第3卷)[M].北京:人民出版社,2012:998.
⑤ 马克思恩格斯文集(第10卷)[M].北京:人民出版社,2009:627.

类的反叛和报复,称为"自然的异化"。然而,使得自然异化愈演愈烈的实际肇事者却是资本主义制度。众所周知,资本主义从诞生那天开始,就是以对自然的滥加掠夺和狂妄破坏为前提的;它颠倒了人类与自然的关系,将农业生产简化为获取资源的工具,以满足人类的自私自利和贪得无厌。基于资本主义的这种反生态性,马克思在《资本论》中,对资本主义经济理性的宗教般热情予以抨击,他辛辣地讽刺道:"积累啊,积累啊!这就是摩西和先知们!"①马克思对资本主义生态批判所开辟的这一新视角引起了后继学者的广泛关注。日本经济学家林直道深深地为马克思这一针砭时弊的见解所折服,他赞赏马克思天才地洞察到了资本主义破坏自然的本质。的确,在农村生态环境问题还未凸显的情况下,马克思就注意到了经济理性所造成的生态问题,其思想的前瞻性可见一斑。

马克思"自然的异化"思想为我们正确认识农村生态环境问题、树立科学的农村发展观以及在此基础上寻求摆脱生态危机的路径提供了重要指导。马克思严正提醒我们,"不以伟大的自然规律为依据的人类计划,只会带来灾难"②。长期以来,由于受纯粹经济理性的影响,人们无视自然规律,在从事农业生产活动时往往置自然的承载力于不顾,一味醉心于眼前的物质利益,贪婪地盘剥自然,耗尽地力地进行农业生产,肆无忌惮地破坏生态环境,割裂了人与自然的辩证统一关系,导致农业生产越来越片面化和工具化,使农业资源日益耗竭、农村污染日渐深重、农业生态日趋恶化。面对农村生态文明建设的严峻形势,我们必须超越经济理性的偏狭性,建立和张扬生态理性,实现农村发展的生态转向;必须坚持自然主义与人类主义相统一的原则,遵循自然规律进行创造性劳动,使农业生产摆脱"增长被增长压垮"的危险境地,促进农村人与自然的包容性和谐发展。

恩格斯在《英国工人阶级状况》中详细考察了当时泰晤士河被严重污

---

① 马克思恩格斯文集(第5卷)[M].北京:人民出版社,2009:686.
② 马克思恩格斯全集(第31卷上册)[M].北京:人民出版社,1972:251.

染的情况。当时英国一切流经工业城市的河流流入城市的时候都是清澈见底的,早期工业资本主义社会城市工业废水和生活污水在未经任何处理的情况下就直接排进河流,从而导致在城市另一端河水流出的时候又黑又臭,被各色各样的脏东西弄得污浊不堪。农民失去土地,"他们被吸引到大城市来,在这里,他们呼吸着比他们的故乡——农村污浊得多的空气。他们被赶到这样一些地区去,那里的建筑杂乱无章,因而通风条件比其他一切地区都要差。一切可以保持清洁的手段都被剥夺了,水也被剥夺了,因为自来水管只有出钱才能安装,而河水又被污染,根本不能用于清洁目的。他们被迫把所有的废弃物和垃圾、把所有的脏水、甚至还常常把令人作呕的污物和粪便倒在街上,因为他们没有任何别的办法处理这些东西。这样,他们就不得不使自己的地区变得十分肮脏"①。在《自然辩证法》中,恩格斯指出:"文明是一个对抗的过程,这个过程以其至今为止的形式使土地贫瘠,使森林荒芜,使土壤不能产生最初的产品,并使气候恶化。"②他严正地告诫人们:"我们不要过分陶醉于我们人类对自然界的胜利。对于每一次这样的胜利,自然界都对我们进行报复。每一次胜利,起初确实取得了我们预期的结果,但是往后和再往后却发生完全不同的、出乎预料的影响,常常把最初的结果又消除了。……因此我们每走一步都要记住:我们决不像征服者统治异族人那样支配自然界,决不像站在自然界之外的人似的去支配自然界——相反,我们连同我们的肉、血和头脑都是属于自然界和存在于自然界之中的;我们对自然界的整个支配作用,就在于我们比其他一切生物强,能够认识和正确运用自然规律。"③

马克思指出:"社会是人同自然界的完成了的本质的统一,是自然界的真正复活,是人的实现了的自然主义和自然界的实现了的人道主义。"④把人、社会、自然统一起来的生态文明社会只能是未来的共产主义社会,

---

① 马克思恩格斯文集(第1卷)[M].北京:人民出版社,2009:410.
② 恩格斯.自然辩证法[M].于光远,译.北京:人民出版社,1984:310.
③ 马克思恩格斯选集(第3卷)[M].北京:人民出版社,2012:998.
④ 马克思恩格斯文集(第1卷)[M].北京:人民出版社,2009:187.

因为"这种共产主义,作为完成了的自然主义,等于人道主义,而作为完成了的人道主义,等于自然主义,它是人和自然界之间、人和人之间的矛盾的真正解决,是存在和本质、对象化和自我确证、自由和必然、个体和类之间的斗争的真正解决"①。即在共产主义社会,自然主义和人道主义实现了真正的统一,人与人、人与自然之间的异化真正消解,"人终于成为自己的社会结合的主人,从而也就成为自然界的主人,成为自身的主人——自由的人"②。因此,只有实现共产主义,才能有效改变人与自然的对立状态,实现人与自然的真正和解。

二、物质变换思想

坚持物尽其用,合理调节和控制人与自然之间的物质变换,实现农业的可持续发展,是马克思的一贯主张。马克思是这样论述的:"劳动首先是人和自然之间的过程,是人以自身的活动来中介、调整和控制人和自然之间的物质变换的过程。"③而"农业劳动是其他一切劳动得以独立存在的自然基础和前提"④。从本质上说,人与自然的关系就是人与自然界之间的物质变换关系。

从生产过程来看,马克思认为种植业内部以及种植业与养殖业之间的物质交换和循环利用是相互连接、相互贯通的,因此可以在一块耕地内从事多种生产经营活动,进行多种作物的耕种。他举例称佛兰德的间作制就是这样的:"在间作时,人们栽种根茎植物;同一块地,先是为了满足人的需要,栽种谷物、亚麻、油菜;收获以后,再种饲养牲畜用的根茎植物。这种方法可以把大牲畜一直养在圈内,可以大量积肥,因而成了轮作制的

---

① 马克思恩格斯文集(第1卷)[M].北京:人民出版社,2009:185.
② 马克思恩格斯选集(第3卷)[M].北京:人民出版社,2012:817.
③ 马克思恩格斯文集(第5卷)[M].北京:人民出版社,2009:207-208.
④ 马克思恩格斯全集(第26卷第一册)[M].北京:人民出版社,1972:28-29.

关键。沙土地带有 1/3 以上可耕地采用间作制;这样就好像使可耕地面积增加了 1/3。"①在马克思看来,将谷物、亚麻、油菜和饲养牲畜用的根茎植物进行轮作,不仅可以实现农产品的丰收、土壤的改良,而且可以为畜牧业提供饲料,可谓一举多得;而以大牲畜圈养为特征的畜牧业既可以获得自身收益,又能够为种植业提供肥料,提高耕作业收入,堪称互利双赢。由此可见,农业生产领域不仅生态循环系统众多,而且相互关联,涉及领域宽广,综合效益良好。在农村发展过程中,我们应该充分运用这一思想调整农业产业结构,促进农业各部门之间的物质变换,减少资源消耗,使农业生产本身固有的生态潜能真正释放出来。

从消费过程来看,马克思认为消费排泄物对农业发展非常重要,比如人的自然排泄物和破衣碎布等,都可能成为农业生产的有机肥料。但"在利用这种排泄物方面,资本主义经济浪费很大。例如,在伦敦,450 万人的粪便,就没有什么好的处理方法,只好花很多钱用来污染泰晤士河"②。对于这种破坏农业生态物质循环链的行为,马克思评价道:"资本主义生产……它一方面聚集着社会的历史动力,另一方面又破坏着人和土地之间的物质变换,也就是使人以衣食形式消费掉的土地的组成部分不能回归土地,从而破坏土地持久肥力的永恒的自然条件。"③最终,在农业生产的物质变换过程中造成了一个无法弥补的裂缝。同马克思一样,恩格斯也十分关注资本主义生产方式造成的物质循环和转化的断裂问题,他在《反杜林论》中谈到:"只有通过城市和乡村的融合,现在的空气、水和土地的污染才能排除,只有通过这种融合,才能使目前城市中病弱群众的粪便不致引起疾病,而被用做植物的肥料。"④因此,针对当前我国城乡二元体制下消费排泄物的严重浪费和污染问题,唯有进一步加大统筹城乡发展力度,深入推进城乡一体化进程,才能从根源上弥合物质变换的裂缝,扎

---

① 马克思恩格斯文集(第 6 卷)[M].北京:人民出版社,2009:271.
② 马克思恩格斯文集(第 7 卷)[M].北京:人民出版社,2009:115.
③ 马克思恩格斯文集(第 5 卷)[M].北京:人民出版社,2009:579.
④ 马克思恩格斯文集(第 9 卷)[M].北京:人民出版社,2009:313.

实推进农村生态文明发展,真正贯彻物尽其用的生态循环法则。

从流通过程来看,马克思认为商业为农业提供了各种手段,使土地日益贫瘠。他指出,由于食物和服装纤维的长距离贸易使土地构成成分变得疏离,从而造成了物质变换不可修复的断裂。在马克思看来,这与资本主义社会的资本拜物教紧密相关。在资本主义制度下,资本理性不断驱使物质变换发生质变,使其不仅仅用于满足人的正常需要,更以此来迎合资产阶级对利润的追逐。马克思曾援引《评论家季刊》中邓宁的话,以揭示资本追逐利润的本质:"资本害怕没有利润或利润太少,就像自然界害怕真空一样。一旦有适当的利润,资本就胆大起来。如果有10%的利润,它就保证到处被使用;有20%的利润,它就活跃起来;有50%的利润,它就铤而走险;为了100%的利润,它就敢践踏一切人间法律;有300%的利润,它就敢犯任何罪行,甚至冒绞首的危险。如果动乱和纷争能带来利润,它就会鼓励动乱和纷争。走私和贩卖奴隶就是证明。"①此外,资本主义在全球范围内的扩张更是进一步加剧了这种物质变换的断裂,从而使农村发展的生态循环荡然无存。对此,马克思有着深邃的洞见。在他看来,盲目的掠夺已造成了英国以及欧洲、北美等资本主义国家的土壤危机,这一事实可以从英国骨粉进口量的飙升、用海鸟粪对英国田地施肥必须从秘鲁进口,以及到拿破仑时期的战场寻找可以撒到田间的骨头等现象中观察到,而这一切都最终归咎于资本主义农业的剥夺特性。马克思的这一思想,揭示出农村生态文明建设必须要在人与土地之间建立一种生态健康的关系,为此就要密切关注土壤养分的循环问题,尤其是要保持地区之间、国内外之间物质变换的动态平衡,避免物质无谓地流失和浪费。总之,发展生态农业、循环农业和低碳农业,必须坚持物尽其用的生态循环法则,这就是要多管齐下,打通生产领域、消费领域和流通领域的物质变换链条,建构完善的物质循环体系,如此才能促进生态系统能量顺畅流动,减少物质资源消耗。

---

① 马克思恩格斯文集(第5卷)[M].北京:人民出版社,2009:871.

三、农业生态科技思想

在马克思看来,科学技术作为人的本质力量的公开展示,是引起农业变迁的革命性力量。他曾断言:"各种经济时代的区别,不在于生产什么,而在于怎样生产,用什么劳动资料生产。"①这里强调的"怎样生产,用什么劳动资料生产"指的主要就是科学技术。马克思认为,人类与自然结盟的技术越多,结盟技术介入农业生产的生产力就越多,农业发展所释放出来的创造力就越多。因此,他主张将科学技术引入农业生产,依靠农业科学技术改革生产模式,改良耕作方式,提高土地产出率。马克思认为,"因浅耕而地力枯竭的表土,用旧的耕作方法,只会提供不断减少的收获,这时用深耕方法犁起深层土,通过比较合理的耕作,就会提供比以前多的收获"②。在这里,作为进行农业生产的方法和手段,无论是"深耕方法"还是"比较合理的耕作"都是遵循农业科技规律的具体体现。此外,马克思还特别强调科学技术在驯服自然力、驱动农业发展中的重大作用。他在《不列颠在印度的统治》一文中,充分肯定了以水利科技为指向的人工灌溉设施在农业生产中的广泛应用:"气候和土地条件,特别是从撒哈拉经过阿拉伯、波斯、印度和鞑靼区直至最高的亚洲高原的一片广大的沙漠地带,使利用水渠和水利工程的人工灌溉设施成了东方农业的基础。无论在埃及和印度,或是在美索不达米亚、波斯以及其他地区,都利用河水的泛滥来肥田,利用河流的涨水来充注灌溉水渠。"③

作为物化了的科学技术,马克思对机器给予了特别的关注。他极其深刻地指出:"机器是提高劳动生产率,即缩短生产商品的必要劳动时间

① 马克思恩格斯文集(第 5 卷)[M].北京:人民出版社,2009:210.
② 马克思恩格斯文集(第 7 卷)[M].北京:人民出版社,2009:802.
③ 马克思恩格斯文集(第 2 卷)[M].北京:人民出版社,2009:679.

的最有力的手段"①，"机器缩短了房屋、桥梁等等的建筑时间；收割机、脱粒机等等缩短了已经成熟的谷物转化为完成的商品所必需的劳动期间"②。为了进一步强调机器的作用，马克思还形象地打了个比喻："正像人呼吸需要肺一样，人要在生产上消费自然力，就需要一种'人的手的创造物'。"③而这种"人的手的创造物"在提高农业生产效率方面所释放的能量是巨大的，马克思通过反复计算得出："在自然肥力相同的各块土地上，同样的自然肥力能被利用到什么程度，一方面取决于农业中化学的发展，一方面取决于农业中机械的发展。这就是说，肥力虽然是土地的客体属性，但从经济方面说，总是同农业中化学和机械的发展水平有关系，因而也随着这种发展水平的变化而变化。"④

不仅如此，马克思还从自然、经济、社会以及人的广阔视野出发，对农业科技引发的生态环境问题进行了深入思考，从而揭示了资本主义条件下农业科技异化的现实。他一针见血地指出："资本主义农业的任何进步，都不仅是掠夺劳动者的技巧的进步，而且是掠夺土地的技巧的进步，在一定时期内提高土地肥力的任何进步，同时也是破坏土地肥力持久源泉的进步。一个国家，例如北美合众国，越是以大工业作为自己发展的基础，这个破坏过程就越迅速。因此，资本主义生产发展了社会生产过程的技术和结合，只是由于它同时破坏了一切财富的源泉——土地和工人。"⑤1868 年 3 月，在致恩格斯的信中，马克思特别谈起了农学家、化学家弗腊斯的作品《各个时代的气候和植物界，二者的历史》："这本书证明，气候和植物在有史时期是有变化的。"⑥他同意弗腊斯的看法——"耕作的最初影响是有益的，但是，由于砍伐树木等等，最后会使土地荒芜。"⑦进而得出结

① 马克思恩格斯文集(第 5 卷)[M]. 北京：人民出版社，2009：463.
② 马克思恩格斯文集(第 6 卷)[M]. 北京：人民出版社，2009：261-262.
③ 马克思恩格斯文集(第 5 卷)[M]. 北京：人民出版社，2009：444.
④ 马克思恩格斯文集(第 7 卷)[M]. 北京：人民出版社，2009：733.
⑤ 马克思恩格斯文集(第 5 卷)[M]. 北京：人民出版社，2009：579-580.
⑥ 马克思恩格斯文集(第 10 卷)[M]. 北京：人民出版社，2009：285.
⑦ 马克思恩格斯文集(第 10 卷)[M]. 北京：人民出版社，2009：285.

论:"耕作——如果自发地进行,而不是有意识地加以控制(他作为资产者当然想不到这一点)——会导致土地荒芜,像波斯、美索不达米亚等地以及希腊那样。"①在此,马克思再次申明,人类应有意识地控制自己的行为,使自然生态成为农业生产的着眼点与活动边界。

为了做到这一点,马克思认为,人类应该借助科学技术的生态转向,重构农业发展与自然的理性关系。只有这样,才能约束科技理性在农业发展中的狂妄行径,扭转农业生态环境恶化的趋势,促进自然的自我修复。对此,马克思特别提出了实现农业技术生态化的具体做法,比如采用新的灌溉方法、改变耕作制度、施用骨粉等有机肥等,这样可以保持和改良土壤,提高农业产量和经济效益;此外,还"可以用化学的方法(例如对硬黏土施加某种流质肥料,对重黏土进行熏烧)或用机械的方法(例如对重土壤采用特殊的耕犁),来排除那些使同样肥沃的土地实际收成较少的障碍(排水也属于这一类)"②。从这一系列蕴含生态理念的做法中,我们不难窥见马克思探究生态农业技术的深度与广度。

显然,从马克思的科技观来看,发展生态农业一方面要构建符合高产、优质、高效农业发展要求的技术体系,另一方面必须实现科学技术的生态化,自觉协调人与自然的关系,从而使农业发展与自然之间保持一个恰当的"生态"度。毋庸置疑,这一重要思想对于当前我国突破农业资源环境的约束,化解农业生态危机,有着重要的理论价值。

四、生态农业制度建设思想

马克思从青年时期开始就一直关注当时印度、中国、俄国等国家落后的原因。落后的小农生产方式和长期的闭关自守是其固有的特点。建立

---

① 马克思恩格斯文集(第10卷)[M].北京:人民出版社,2009:286.
② 马克思恩格斯文集(第7卷)[M].北京:人民出版社,2009:733.

在小农生产基础上的封建专制制度把人的思想束缚在狭小的范围内,使落后国家与世界文明进程相脱节。"这些田园风味的农村公社不管看起来怎样祥和无害,却始终是东方专制制度的牢固基础,它们使人的头脑局限在极小的范围内,成为迷信的驯服工具,成为传统规则的奴隶,表现不出任何伟大的作为和历史首创精神。"①封建主为了维护自己的统治,总是从思想、政治、经济、文化等各个方面扼杀人们的创新精神,阻碍社会的变革。囿于封闭和缺乏创新是后发国家无法发生大规模社会变革的根本原因。因此,必须致力于对不合理的生产方式以及和这种生产方式连在一起的不合理的社会制度进行彻底的批判和完全的变革,"只有在伟大的社会革命支配了资产阶级时代的成果,支配了世界市场和现代生产力,并且使这一切都服从于最先进的民族的共同监督的时候,人类的进步才会不再像可怕的异教神怪那样,只有用被杀害者的头颅做酒杯才能喝下甜美的酒浆"②。

在资本主义大工业生产基础上形成的技术理性主义和工具主义,在资本无限增殖、扩张和渗透本性的推动下,追逐利润成了资本主义生产的唯一动机。因此,要消除人对自然资源的无节制的耗损,就必须铲除将工人和自然作为工具的私有制。马克思批判了私有制下只注重自然的工具价值,将自然作为掠夺和占有对象的做法,指出:"私有制使我们变得如此愚蠢而片面,以致一个对象,只有当它为我们所拥有的时候,就是说,当它对我们来说作为资本而存在,或者它被我们直接占有,被我们吃、喝、穿、住等等的时候,简言之,在它被我们使用的时候,才是我们的。"③他提倡消灭整个私有制,"通过合理的方式,而不再采用以农奴制度、领主统治和有关所有权的荒谬的神秘主义为中介的方式来恢复人与土地的温情的关系,因为土地不再是牟利的对象,而是通过自由的劳动和自由的享受,重

---

① 马克思恩格斯选集(第 1 卷)[M].北京:人民出版社,2012:853-854.
② 马克思恩格斯选集(第 1 卷)[M].北京:人民出版社,2012:862-863.
③ 马克思恩格斯文集(第 1 卷)[M].北京:人民出版社,2009:189.

新成为人的真正的个人财产"①。

人类要发展生态农业，根除生态灾难，必须构建一种新的制度框架，合理调整人与自然、人与人、人与社会的关系，这是马克思未来社会理论的主要内容。马克思在《资本论》第三卷中写道："历史的教训（这个教训从另一角度考察农业时也可以得出）是：资本主义制度同合理的农业相矛盾，或者说，合理的农业同资本主义制度不相容（虽然资本主义制度促进农业技术的发展），合理的农业所需要的，要么是自食其力的小农的手，要么是联合起来的生产者的控制。"②马克思曾围绕作为农业发展最重要的生产资料之一的土地问题进行过许多深刻的分析，他强烈批判资本主义的土地私有制，将其视为无用的和荒谬的赘瘤，称它是合理农业的最大限制和障碍之一。他在《资本论》中精辟地论述道："从一个较高级的经济的社会形态的角度来看，个别人对土地的私有权，和一个人对另一个人的私有权一样，是十分荒谬的。甚至整个社会，一个民族，以至一切同时存在的社会加在一起，都不是土地的所有者。他们只是土地的占有者，土地的受益者，并且他们应当作为好家长把经过改良的土地传给后代。"③

基于此，马克思指出，农业资本家"对地力的榨取和滥用"，代替了小农"对土地这个人类世世代代共同的永久的财产，即他们不能出让的生存条件和再生产条件所进行的自觉的合理的经营"④，只有超越人对土地的异化，才能促进农业生态的自我修复，弥合人与自然的鸿沟。也只有在未来社会的自由王国里，人类才能逐步摆脱目前的生态困境，"社会化的人，联合起来的生产者，将合理地调节他们和自然之间的物质变换，把它置于他们的共同控制之下，而不让它作为一种盲目的力量来统治自己；靠消耗最小的力量，在最无愧于和最适合于他们的人类本性的条件下来进行这

---

① 马克思恩格斯文集(第 1 卷)[M].北京:人民出版社,2009:152.
② 马克思恩格斯文集(第 7 卷)[M].北京:人民出版社,2009:137.
③ 马克思恩格斯文集(第 7 卷)[M].北京:人民出版社,2009:878.
④ 马克思恩格斯文集(第 7 卷)[M].北京:人民出版社,2009:918.

种物质变换"①。这就是说,在这样一种具有现实基础的生态理性和人类自由——生产者联合起来的社会中,人与自然和谐共生的生活和行为模式得到重建,那时发展生态农业也才会真正成为人的自由和自觉的活动。因此,只有积极扬弃资本主义私有制,建构新的社会制度,才能真正实现人的解放与自然解放的统一,生态文明这种新的文明形态才能真正得以确立。

俄罗斯著名学者尤里·普列特尼科夫评价道:"可以毫不夸张地说,马克思主义奠定了现代生态学及整个世界体系知识的世界观和方法论基础。"②马克思和恩格斯的生态理论既涉及人对自然的关系,也包括受人与自然关系影响的人与人之间的关系,为我们理解工业文明向生态文明转变的必然性提供了理论依据,也为我们探索农村生态文明建设提供了科学指南。

第二节　中国共产党的生态文明建设思想

新中国成立以来,中国共产党在领导全国各族人民摆脱贫穷、发展经济、建设现代化的历史进程中,深刻把握人类社会发展规律,高度关注人与自然的关系,着眼不同历史时期社会主要矛盾发展变化,总结我国发展实践,借鉴国外发展经验,形成了不同历史阶段的生态文明建设思想,在实践中指导生态文明建设取得了巨大成就。

---

① 马克思恩格斯文集(第7卷)[M].北京:人民出版社,2009:928-929.
② 尤里·普列特尼科夫.资本主义自我否定的历史趋势[J].李桂兰,编译.马克思主义与现实,2001(4):58-63.

一、生态文明建设思想的萌芽阶段（1949—1977 年）

新中国成立初期,山河破碎,经济凋敝,百废待兴。面对长期战争造成的生态急剧恶化的局面,20 世纪 50 年代,以毛泽东为代表的第一代领导集体提出"一定要把淮河治理好",发出"绿化祖国"、使祖国"到处都很美丽"等号召,使美丽中国构想从新中国成立伊始贯穿至新中国 70 多年整个生态文明建设的历史进程。

（一）植树造林、绿化祖国的思想

毛泽东具有强烈的生态保护意识,对生态文明建设具有深入的思考与实践。新中国成立时,由于连年战争,我国的生态环境遭到了严重破坏,森林覆盖率只有 8.6%。面对这一情况,毛泽东发出了植树造林、绿化祖国的号召,要求大家有计划、有秩序地实行绿化。毛泽东提出,我们要改变生态环境面貌,变荒山为绿林,变废地为绿地,切实有效地为绿化祖国做出贡献。早在 1930 年 10 月,红军攻占吉安后,毛泽东写的《兴国调查》就注意到保护山林的问题,提出农民分了山林后,"树木只准砍树枝,不准砍树身,要砍树身须经政府批准"[①]。在新中国成立之前,毛泽东还提出"应当发起植树运动,号召农村中每人植树十株"[②]的宏愿。1955 年,毛泽东在起草的《征询对农业十七条的意见》中指出:"在十二年内,基本上消灭荒地荒山,在一切宅旁、村旁、路旁、水旁,以及荒地上荒山上,即在一切可能的地方,均要按规格种起树来,实行绿化。"[③]1955 年 10 月,毛泽东在扩大的中共七届六中全会上所做结论中指出:"农村全部的经济规划包

① 中共中央文献研究室.毛泽东农村调查文集[M].北京:人民出版社,1982:237.
② 中共中央文献研究室,国家林业局.毛泽东论林业[M].北京:中央文献出版社,2003:15.
③ 毛泽东文集(第 6 卷)[M].北京:人民出版社,1999:509.

括副业,手工业……还有绿化荒山和村庄。我看特别是北方的荒山应当绿化,也完全可以绿化",“南方的许多地方也还要绿化。南北各地在多少年以内,我们能够看到绿化就好"。①

1956 年 3 月,毛泽东发出了“绿化祖国"的伟大号召,他提出,"在一切可能的地方,均要按规格种起树来",“要做出森林覆盖面积规划",“真正绿化,要在飞机上看见一片绿",“用二百年绿化了,就是马克思主义"。1958 年 4 月 7 日,中共中央、国务院发布《关于在全国大规模造林的指示》,明确提出:“迅速地大规模地发展造林事业,对于促进我国自然面貌和经济面貌的改变,具有重大的意义。"②1958 年 11 月,毛泽东针对有关部门在林业作用和地位上存在的认识偏差,指出“要发展林业,林业是个很了不起的事业。同志们,你们不要看不起林业。林业、森林、草、各种化学产品都可以出。"③1959 年 9 月 8 日,毛泽东视察密云水库,他指着四周的山对身边的人说:“你看,这里的山也好,水也好,就是很多山还光秃的,这就不好了,你们几年能把它绿化了?"水库工地指挥部负责人回答说:“五年能行,快一点用三年。"毛泽东听后说:“我看二十年能完成就不错,不能小看这个问题。绿化,不经过长期的奋斗,是不可能实现的。要实事求是,尽最大努力去干好这件大事。"1959 年 10 月 31 日,他在给吴冷西的信中写道:“农、林、牧三者相互依赖,缺一不可,要把三者放在同等地位。这是完全正确的。我认为农、林业是发展畜牧业的祖宗,畜牧业是农、林业的儿子。然后,畜牧业又是农、林业(主要是农业)的祖宗,农、林业又变为儿子了。这就是三者平衡地相互依赖的道理。美国的种植业与畜牧业并重。我国也一定要走这条路线,因为这是证实了确有成效的科学经验。"④1962 年 12 月,毛泽东视察天津,在听取地方干部工作汇报后说:

---

① 毛泽东文集(第 6 卷)[M].北京:人民出版社,1999:475.
② 中共中央文献研究室.建国以来重要文献选编(第 11 册)[M].北京:中央文献出版社,1995:244.
③ 中共中央文献研究室,国家林业局.毛泽东论林业[M].北京:中央文献出版社,2003:37.
④ 毛泽东文集(第 8 卷)[M].北京:人民出版社,1999:101.

"农业要上去,首先要解决水和肥的问题。水,就要修水库、打井、排涝。肥,主要是养猪。还有个林,房前屋后、公路两旁、铁路两旁、渠道两旁,都可以栽树。树多了,空气中的水分就多了,树还可以防风、防沙,夏天劳动者还可以在树下休息,还可以用材。种果树,还可以吃水果。农、林、牧、副、渔,主要是农、林、牧。"①1964 年 9 月,毛泽东在湖南考察时提出:"公路、河流两旁要植树,运输便利。造林不要只造一种,用材林有杉树、松树、梓树、樟树。今后搞他一百万担桐油,粮食、经济作物、山林都要搞好。"②1966 年,毛泽东又指出,一切能够植树造林的地方都要努力植树造林,逐步绿化我们的国家,美化我国人民劳动、工作、学习和生活的环境。1973 年 11 月,《国务院关于保护和改善环境的若干规定(试行草案)》再次强调:"要让一切可能绿化的荒山荒地实现绿化。"③同时,毛泽东高度关注森林资源对改善气候和防止水土流失的重要作用,把植树造林融入生态循环大系统中,提出"农、林、牧"三者并重的思想,表现出一位政治家的远见卓识。

在"绿化祖国"口号的影响下,各地的植树造林取得巨大进展。陕西省在"一五"期间造林 52934 平方千米、52.93 万公顷,相当于民国时期 14 年间造林总和的 85 倍。④ 湖北应山县(今广水市)地方志记载,仅 1957 年 1—6 月,改种牧草和坡改梯田 2.84 万公顷,营造水源林、防护林、经济林、果木林和封山育林面积 6065.33 公顷,兴修拦沙坝、山塘、沟头防护和顺水坝等 2668 处。这些工程可控制水土流失面积 750 平方千米,增加灌溉面积 310.2 公顷。⑤

---

① 毛泽东年谱(第 5 卷)[M].北京:中央文献出版社,2013:175.
② 毛泽东年谱(第 5 卷)[M].北京:中央文献出版社,2013:406.
③ 中国环境科学研究院,武汉大学环境法研究所.中华人民共和国环境保护研究文献选编[M].北京:法律出版社,1983:10.
④ 陕西省地方志编纂委员会.陕西省志·环境保护志[M].西安:陕西科学技术出版社,2007:71.
⑤ 刘建伟.新中国成立后中国共产党认识和解决环境问题研究[M].北京:人民出版社,2017:98.

（二）大地园林化的思想

"实行大地园林化"是毛泽东1955年发出的号召。在此之前,毛泽东已多次谈到园林化的设想。1958年8月在北戴河中央政治局扩大会议上的讲话中,他集中谈到了这个想法。他说:"农村、城市统统要园林化,好像一个公园一样。几年之后,亩产量很高了,不需要那么多耕地面积了,可以拿三分之一种树,三分之一种粮,三分之一休耕。我们现在这个国家刚刚开始建设,我看要用新的观点好好经营一下,有规划,搞得很美,是园林化。"①为了实现"大地园林化",1958年在中共八届六中全会上,毛泽东提出了"三三制"的耕作制设想:"所谓园林化,是什么呢? 就是实行耕作'三三制',即是将现有全部用于种植农业作物的十八亿亩耕地(等于一亿二千万海克托),用三分之一,即六亿亩左右,种农业作物,三分之一休闲,种牧草、肥田草和供人观赏的各种美丽的千差万别的花和草,三分之一种树造林。"②另外,还要搞些大小水塘和水库,养些鱼、虾、蟹和各种水生植物。在毛泽东看来,"这可能是个农业革命的方向",其目的是"使整个农村园林化","也美观,乡村就像花园一样"③。1958年8月,毛泽东在北戴河召开的中共中央政治局扩大会议上还提出"美化全中国"的设想,"要使我们祖国的河山全部绿化起来,要达到园林化,到处都很美丽,自然面貌要改变过来"④,这是党和国家最高领导人对建设美丽中国的最早表述。

---

① 毛泽东年谱(第3卷)[M].北京:中央文献出版社,2013:425.
② 中共中央文献研究室,国家林业局.毛泽东论林业[M].北京:中央文献出版社,2003:61.
③ 中共中央文献研究室,国家林业局.毛泽东论林业[M].北京:中央文献出版社,2003:36.
④ 中共中央文献研究室,国家林业局.毛泽东论林业[M].北京:中央文献出版社,2003:51.

（三）兴修水利、治理江河的思想

1934 年 1 月，毛泽东指出："水利是农业的命脉，我们也应予以极大的注意。"[①]这一论断为当时苏区的农业建设指明了方向，也为水利工作的开展奠定了基础。新中国成立之初，水利基础十分薄弱，水旱灾害频繁。治理江河，建设渠道、水库，有计划、有步骤地恢复并发展防洪、灌溉、排水、放淤、水力、疏浚河流、兴修运河等水利事业，成为十分重大而紧迫的水利建设任务。为此，毛泽东先后发出了三大号召。

其一，"一定要把淮河修好"。1950 年夏天，淮河流域发生特大洪涝灾害，河南、安徽两省 1300 多万人受灾，260 多万公顷土地被淹，人民群众生命财产遭受巨大损失。毛泽东当即批示："除目前防救外，须考虑根治办法，现在开始准备，秋起即组织大规模导淮工程，期以一年完成导淮，免去明年水患。"同年 10 月 14 日，政务院发布了《关于治理淮河的决定》，拉开了新中国第一个大型水利工程建设序幕；11 月 15 日，《人民日报》发表《为根治淮河而斗争》社论，指出淮河水灾是一个历史性的灾害，要为完成伟大的治淮任务而斗争。1951 年 5 月，毛泽东题词："一定要把淮河修好。"经过 8 个年头的不懈治理，到 1957 年冬，国家共投入资金 12.4 亿元，治理大小河道 175 条，修建水库 9 座，库容量 316 亿立方米，还修建堤防 4600 余千米，极大地提高了防洪泄洪能力。[②]

其二，"要把黄河的事情办好"。黄河是我国的母亲河，发源于青藏高原，流经 9 个省区，全长 5464 千米，是仅次于长江的第二大河。历史上黄河发生过无数次水患，给人们带来了深重灾难。新中国成立后，虽然黄河未发生水患，但毛泽东对黄河的关注一直没有放松。1952 年 10—11 月，毛泽东考察黄河，发出了"要把黄河的事情办好"的伟大号召。之后，毛泽

---

① 毛泽东选集（第 1 卷）[M].北京：人民出版社，1991：132.
② "一定要把淮河修好"[N].人民日报，2019-09-07.

东还于 1953 年 2 月、1954 年冬、1955 年 6 月、1958 年 8 月四次视察黄河,了解掌握治理黄河的情况。1954 年 10 月,黄河规划委员会完成《黄河综合利用规划技术经济报告》;1955 年 7 月,一届全国人大二次会议正式通过《关于根治黄河水害和开发黄河水利的综合规划的报告》,这是中国历史上第一部全面、系统的黄河治理开发宏伟蓝图,也是中华人民共和国审议通过的第一部江河流域规划。1959 年,毛泽东充满深情地评价黄河:"黄河是伟大的,是我们中华民族的起源,人说'不到黄河心不死',我是到了黄河也不死心。"在党和国家领导人的高度重视下,黄河下游先后进行 4 次大修堤,彻底扭转了历史上黄河"三年两决口,百年一次大改道"的险恶局面,保障了黄淮海平原上广大人民群众生命财产的安全和经济社会的顺利发展。

其三,"一定要根治海河"。海河流域除包括北京、天津的全部,河南、山东、山西、内蒙古的一部分外,绝大部分属于河北。据历史记载,1368—1948 年,580 年间,水灾有 387 次。自 1958 年开始,海河流域人民按照"统一规划、综合治理"的方针,从上游到下游、从支流到干流,对海河水系进行了全面治理。1963 年 8 月,河北省中南部连降特大暴雨,洪水泛滥,101 个县、市的 350 多万公顷土地被淹,形成了新中国成立以来最严重的灾害。1963 年 11 月 17 日,毛泽东为抗洪救灾展题词:"一定要根治海河"。在毛泽东的号召下,党中央、国务院经认真研究,中央政府成立了由周恩来、李先念牵头的根治海河领导小组,组织京津冀鲁人民开展群众性的根治海河运动。从 1965 年开始至 80 年代初,经过了 16 年连续施工,海河流域初步形成了完整的防洪、排涝体系,海河旧貌换新颜。

此外,毛泽东非常重视对水资源的综合利用,他在第一个五年计划中明确指出:"水利建设应该同工业、农业、交通的建设密切结合,注意水利资源的综合利用,通盘地考虑防洪、灌溉、水力发电和发展航运的需要。"[①]

---

① 中共中央文献研究室.建国以来重要文献选编(第 6 册)[M].北京:中央文献出版社,1993:494.

他提出既要兴修水利,也要保持水土。在提出"南水北调"伟大构想时,毛泽东要求:全国范围内较长期的水利规划,优先为南水北调工程服务,要将规划范围内各个流域作为一个整体进行系统的规划。[①]

(四)勤俭节约、综合利用的思想

勤俭节约的思想贯穿毛泽东革命斗争和治国理政的整个实践过程。早在新民主主义革命时期,毛泽东就提出,"应该使一切政府工作人员明白,贪污和浪费是极大的犯罪"[②]。新中国成立后,毛泽东仍高度重视勤俭节约。1955 年,针对一些合作社存在的不注意节约的不良风气,毛泽东在《勤俭办社》一文按语中指出:"勤俭经营应当是全国一切农业生产合作社的方针,不,应当是一切经济事业的方针。勤俭办工厂,勤俭办商店,勤俭办一切国营事业和合作事业,勤俭办一切其他事业,什么事情都应当执行勤俭的原则。这就是节约的原则,节约是社会主义经济的基本原则之一。"[③]他多次强调,我们在社会主义建设中面临着我国是一个社会主义的大国,同时是一个经济落后的穷国这样的矛盾。怎样解决这个矛盾? 那就是"全面地持久地厉行节约。"[④]1957 年 2 月,毛泽东在《关于正确处理人民内部矛盾的问题》中说:"实行增产节约,反对铺张浪费。这不但在经济上有重大意义,在政治上也有重大意义。"还说:"要使我国富强起来,需要几十年艰苦奋斗的时间,其中包括执行厉行节约、反对浪费这样一个勤俭建国的方针。"[⑤]根据毛泽东的这一思想,1957 年 2 月,中共中央发出《关于一九五七年开展增产节约运动的指示》,提出"在工业、农业的生产中,在运输、邮电和商业的经营中,都必须想尽一切办法,广泛地开展增产

---

① 林一山,杨马林.功盖大禹[M].北京:中共中央党校出版社,1993:112.
② 毛泽东选集(第 1 卷)[M].北京:人民出版社,1991:134.
③ 建国以来毛泽东文稿(第 5 册)[M].北京:中央文献出版社,1991:491.
④ 毛泽东文集(第 7 卷)[M].北京:人民出版社,1999:239.
⑤ 毛泽东文集(第 7 卷)[M].北京:人民出版社,1999:240.

节约运动"。增产节约运动很快在全国各企事业单位轰轰烈烈地开展起来。之后,毛泽东还多次强调勤俭节约应成为党和国家的优良作风。1957年10月,毛泽东在《关于农业问题》中说:"要提倡勤俭持家,节约粮食,以便有积累。国家有积累,合作社有积累,家庭有积累,有了这三种积累,我们就富裕起来了。不然,统统吃光了,有什么富裕呀?"①1959年,他又在庐山会议上强调:"学会过日子。包括农村、城市,要留有余地,富日子当穷日子过,增产节约。"②毛泽东不但在理论上、政策上积极倡导厉行节约、反对浪费,而且身体力行、率先垂范。他的勤俭节约思想和风范,成为我们宝贵的精神财富。

废旧物资的回收再利用即资源再利用,是充分利用资源、减少污染物排放的重要举措,也是增产节约的应有之义。毛泽东非常重视废弃物的综合利用。1958年1月,他在《工作方法六十条(草案)》第二条"县以上各级党委要抓社会主义工业工作"中特别提出"资源综合利用"问题。1958年9月,毛泽东视察湖北黄石的武钢大冶铁矿,强调要注意矿石的综合利用。③1965年1月,赵尔陆提交关于三线建设动力问题的报告,所提出四条意见中的第三条是:"水电站的建设,采取低水坝、小库容,省投资,早见效,梯级开发,综合利用,对上游不淹田、不移民,对下游无危害的建设方针。"毛泽东批示:"此件我看了两遍,觉得很重要","总结过去正确的和错误的经验,以利今后建设。"④1972年,周恩来在接见英国记者苏利克利·格林时说:"要消灭公害就必须提倡综合利用。因此在进行基本建设时,就要从项目方面、设备方面和科学技术方面更加注意,那才能避免祸害。否则,你们已经造成祸害之后,再去消除,那已经走了弯路。我们不能再走资本主义工业化的老路,要少走、不走弯路。"⑤

---

① 毛泽东文集(第7卷)[M].北京:人民出版社,1999:307.
② 毛泽东文集(第8卷)[M].北京:人民出版社,1999:81.
③ 毛泽东年谱(第3卷)[M].北京:中央文献出版社,2013:446-447.
④ 毛泽东年谱(第5卷)[M].北京:中央文献出版社,2013:479.
⑤ 《中国环境保护行政二十年》编委会.中国环境保护行政二十年[M].北京:中国环境科学出版社,1994:343.

在综合利用思想的指导下,20世纪60年代初,中国的粪便管理工作初见成效。很多地区改变了露天堆放粪便和使用鲜粪施肥的陋习,开始采用泥封堆肥、挖坑堆肥、密闭贮粪和修建防病厕所、双坑厕所等方法,对粪便、垃圾进行无害化处理,从而减轻了粪便对水源、土壤和空气的污染,减少和防止了肥分的流失。河北省从1958年就倡导粪便泥封、堆肥发酵的无害化处理方式,到1960年秋季全省已有1万多个生产队实行粪便无害化处理。河南、山东、辽宁、四川、湖南、安徽、福建、广东、宁夏等省区和北京市、上海市,都划拨出专门经过无害化处理的粪便来施肥的试验田,并召开现场会议,举办粪便管理人员训练班,使这一工作逐步展开。[①] 鞍山、沈阳、抚顺等一批城市被列为"三废"综合利用试点城市。[②]

二、生态文明建设思想的初步形成阶段（1978—1991年）[③]

改革开放后至20世纪90年代初,是中国共产党生态文明建设思想的初步形成阶段。改革开放初期,以邓小平为核心的党的第二代中央领导集体认识到"环境污染是个大问题",从而提出了一系列生态环境保护思想。

（一）计划生育的思想

邓小平十分重视我国庞大的人口压力、极低的人均资源占有量以及生态环境的严重破坏对经济、社会的可持续发展带来的制约作用。早在

---

① 肖爱树. 20世纪60～90年代爱国卫生运动初探[J]. 当代中国史研究,2005(3):55-65,127.
② 刘建伟. 新中国成立后中国共产党认识和解决环境问题研究[M]. 北京:人民出版社,2017:105.
③ 本节内容出自作者和其学生合著论文《论邓小平生态哲学思想的三个维度》,有改动。

1953 年,邓小平就率先提出节制生育的主张。改革开放后,邓小平进一步认识到,人口基数过大、人口增长过快给经济社会发展带来的问题日益凸显。1979 年 3 月,他在党的理论工作务虚会上谈到我国国情时指出:"人多有好的一面,也有不利的一面。在生产还不够发展的条件下,吃饭、教育和就业就都成为严重的问题。我们要大力加强计划生育工作,但是即使若干年后人口不再增加,人口多的问题在一段时间内也仍然存在。我们地大物博,这是我们的优越条件。但有很多资源还没有勘探清楚,没有开采和使用,所以还不是现实的生产资料。土地面积广大,但是耕地很少。耕地少,人口多特别是农民多,这种情况不是很容易改变的。这就成为中国现代化建设必须考虑的特点。"①1979 年 7 月,他在山东省委常委会上谈到我国现代化战略时,反复讲到人多是我国最大的难题。"人口问题是个战略问题,要很好控制。"②在控制人口增长的同时,要努力提高人口质量。邓小平说:"我们国家,国力的强弱,经济发展后劲的大小,越来越取决于劳动者的素质,取决于知识分子的数量和质量。一个十亿人口的大国,教育搞上去了,人才资源的巨大优势是任何国家都比不了的。"③

(二) 在发展经济的同时注意保护生态环境的思想

1979 年 1 月 6 日,邓小平在同国务院负责人关于旅游事业的谈话中说:"要保护风景区。桂林那样好的山水,被一个工厂在那里严重污染,要把它关掉。北京要搞好环境,种草种树,绿化街道,管好园林,经过若干年,做到不露一块黄土。"④对西部地区的造林绿化工作,邓小平要求将植树种草与改善生态、脱贫致富紧密结合,充分发挥林业的多种效益。1982

---

① 邓小平文选(第 2 卷)[M].北京:人民出版社,1994:164.
② 邓小平思想年谱[M].北京:中央文献出版社,1998:126.
③ 邓小平文选(第 3 卷)[M].北京:人民出版社,1993:120.
④ 国家环境保护总局,中共中央文献研究室.新时期环境保护重要文献选编[M].北京:中央文献出版社,中国环境科学出版社,2001:19.

年 11 月 15 日,邓小平会见来北京参加中美能源、自然资源和环境会议的美国前驻华大使伍德科克,在谈到黄土高原水土流失问题时说:"我国西北地区,有几十万平方公里的黄土高原,连草都不长,水土流失严重。黄河所以叫'黄'河,就是水土流失造成的。我们计划在那个地方先种草后种树,把黄土高原变成草原和牧区,就会给人们带来好处,人们就会富裕起来,生态环境也会发生很好的变化。"①1990 年 12 月 24 日,邓小平在同几位中央负责同志谈话时明确指出:"核电站我们还是要发展,油气田开发、铁路公路建设、自然环境保护等,都很重要。"②经济发展和生态环境之间的问题是人类在改造、利用自然过程中必须面对的一个问题。邓小平认为,经济发展和环境保护同等重要,只有把二者统一起来,同步规划,才能使经济和生态协调发展。

(三)按客观规律办事的思想

邓小平多次强调:"按客观规律办事"③,"主观愿望违背客观规律,肯定要受损失"④。他总结我党执政以来的经验教训,深刻地指出,我国社会主义建设之所以受挫折,根本原因在于"没有按照社会经济发展的规律办事"⑤。

对于林业建设,邓小平多次强调要尊重规律,因地制宜地制定发展战略。他说:"所谓因地制宜,就是说那里适宜发展什么就发展什么,不适宜发展的就不要去硬搞。像西北的不少地方,应该下决心以种牧草为主,发展畜牧业。"⑥他曾委托他的下属对北京周边一带的地理情况进行调查分

---

① 国家环境保护总局,中共中央文献研究室.新时期环境保护重要文献选编[M].北京:中央文献出版社,中国环境科学出版社,2001:33.
② 邓小平文选(第 3 卷)[M].北京:人民出版社,1993:363.
③ 邓小平文选(第 2 卷)[M].北京:人民出版社,1994:196.
④ 邓小平文选(第 2 卷)[M].北京:人民出版社,1994:346.
⑤ 邓小平文选(第 3 卷)[M].北京:人民出版社,1993:116.
⑥ 邓小平文选(第 2 卷)[M].北京:人民出版社,1994:316.

析,进而指出桐树的种植适应当地的自然生态环境,值得推广。邓小平在四川峨眉山旅游区考察时看到山坡上的森林被毁,种了玉米,惋惜地说:"这么好的风景区为什么用来种玉米,不种树? 这会造成水土流失,人摔下来更不得了。不要种粮食,种树吧,种黄连也可以。"①1961 年,邓小平在视察黑龙江时,对黑龙江的农业发展,高瞻远瞩地指出:黑龙江的农业是机械化问题,黑龙江如果机械化了,不加多少肥料就可以增产。在这次视察中,邓小平还特别关注作为国家重要林产品生产和加工基地的黑龙江省林区的发展。他说:"森林就是最好的水库","要利用一切空的地方种植经济林,但黑龙江西部的防护林带要搞好,再过 20 年这就是很大的一笔财富"。他强调指出,黑龙江林区发展要珍惜资源,注意保护环境。1964 年,他第五次视察黑龙江,还饶有兴致地登上小兴安岭顶峰的长青林场伐木点视察。在路上,他详细询问林场的经营状况和采伐方式改革问题。当听到 20 世纪 50 年代这里学苏联搞"皆伐","吃了点亏",从 1963年开始打破保守思想和清规戒律的束缚,推行"采育兼顾伐",不"剃光头",与工人实行"采育双包制"的情况时,他明确地表示:"'采育双包制'好! 就是把采育双包给工人嘛。"邓小平对"采育双包制"的肯定和支持,是对伊春林区企业改革的充分肯定和强有力的推动,在全国林区迅速产生了强烈的反响。很快,"长青经验"得到宣传和推广,许多林业局因为借鉴了这一经验而还清了采伐的旧债。这一指示促进了黑龙江乃至全国的林业采伐方式和林业发展思想的转变,从此黑龙江更加注重造林绿化工作,走上了"采育双包"的林业发展之路。② 这些观点都表明,邓小平尊崇自然规律,主张从生态规律本身的特点出发来搞好生态环境的保护和开发。

邓小平认为,生态文明建设在某种程度上要积极为完成经济发展这个任务服务。1980 年他在考察四川峨眉山时便指出:"风景区造林要注

①　邓小平年谱(1975—1997)(上)[M].北京:中央文献出版社,2004:652.
②　中共黑龙江省委党史研究室.心系黑土[EB/OL].[2019-07-17].http://cpc.people.com.cn/n1/2019/0717/c367202-31239856.html.

意林子色彩的完美,山林就像人的穿着一样,不仅有衣衫,还要有裙子、鞋子,林子下边种茶,四季常绿,还有经济效益。"①他在考察杭州九溪时也指出:"水杉树好,既经济又绿化了环境。长粗了,还可以派用处,有推广价值。泡桐树,也是一种经济树木,泡桐树长得快,板料又好。"②通过生态文明建设来创造必要的经济价值,这与我国社会主义初级阶段经济社会发展的客观要求相一致,不仅大大促进了生态环境的改善,也为我国经济社会发展提供了有力的支撑。

我国从 20 世纪 70 年代后期开始大规模植树造林,构建了"三北"防护林体系、长江中上游防护林体系、太行山绿化工程、平原防护林体系、沿海防护林体系等五大防护林体系。截至 90 年代初,"三北"防护林工程已造林 900 多万公顷;长江中上游防护林工程造林接近 70 万公顷;太行山绿化工程顺利开展;平原绿化工程形成了以农田林网为主的防护林体系,中原 61％ 的耕地实现了林网化;沿海防护林工程已造林 550 万公顷,造成海岸林带 8000 多千米。义务植树种草、绿化荒山活动成为社会的普遍活动。③ 我国的森林覆盖率由 20 世纪 40 年代末的 8.6％ 上升到 1991 年的 13.4％。④ 中国的植树造林战略初见成效。

(四) 生态文明建设要有长远规划的思想

1983 年 3 月 12 日,邓小平在北京十三陵水库参加义务植树时说:"植树造林,绿化祖国,是建设社会主义,造福子孙后代的伟大事业,要坚持二

---

① 孟红.邓小平的植树情结[J].文史月刊,2004(12):4-9.
② 李明华,朱永法,张小芳.邓小平的林业发展观探析[J].林业经济,2001(10):7-10.
③ 刘建伟.新中国成立后中国共产党认识和解决环境问题研究[M].北京:人民出版社,2017:153.
④ 国家环境保护总局,中共中央文献研究室.新时期环境保护重要文献选编[M].北京:中央文献出版社,中国环境科学出版社,2001:168.

十年,坚持一百年,坚持一千年,要一代一代永远干下去。"①为了生态的可持续发展,为了"一代一代永远干下去",而且要越干越好,就必须进行长远规划。因此,他指出"现在要聚精会神把长远规划搞好,长远规划的关键,是前十年为后十年做好准备"②。邓小平认为,搞好规划工作的前提是把握国情和经济规律。他说:"至于走什么样的路子,采取什么样的步骤来实现现代化,这要继续摆脱一切老的和新的框框的束缚,真正摸准、摸清我们的国情和经济活动中各种因素的相互关系,据以正确决定我们的长远规划的原则……"③对生态文明建设进行长远规划的目的就是保证人口、资源、环境与经济社会的可持续发展,造福子孙后代。因此,邓小平重视长远规划和他提出的要在把握国情和经济规律的前提下进行长远规划的思想,对我们今天的农村生态文明建设工作仍然具有十分重要的指导意义。

(五) 生态文明建设必须走群众路线的思想

早在 1943 年 7 月 2 日,邓小平在《太行区的经济建设》一文中就指出:"我们发动人民的生产热忱……以及发动植树、修渠、打井、造水车等事业,所有这些,无一不是非常具体的工作。"④只有发动人民群众广泛参与,才能把非常具体的环境保护工作做好。1981 年夏天,四川发生特大水灾。邓小平对国务院副总理万里说:"最近发生的洪灾,涉及林业问题,涉及森林的过量采伐。看来宁可进口一点木材,也要少砍一点树。报上对森林采伐的方式有争议。这些地方是否可以只搞间伐,不搞皆伐,特别是大面积的皆伐。中国的林业要上去,不采取一些有力措施不行。是否

---

① 国家环境保护总局,中共中央文献研究室.新时期环境保护重要文献选编[M].北京:中央文献出版社,中国环境科学出版社,2001:39.
② 邓小平文选(第 3 卷)[M].北京:人民出版社,1993:16.
③ 邓小平文选(第 2 卷)[M].北京:人民出版社,1994:356.
④ 邓小平文选(第 1 卷)[M].北京:人民出版社,1994:80.

可以规定每人每年都要种几棵树,比如种三棵或五棵树,要包种包活,多种者受奖,无故不履行此项义务者受罚。国家在苗木方面给予支持。可否提出个文件,由全国人民代表大会通过,或者由人大常委会通过,使它成为法律,及时施行。总之,要有进一步的办法。"①在这次谈话中,邓小平提出开展全民义务植树的倡议。在他的倡导下,同年 12 月 13 日,第五届全国人民代表大会第四次会议通过《关于开展全民义务植树运动的决议》,使植树造林、绿化祖国成为公民的法定义务。邓小平既是全民义务植树的首创者,又是义务植树运动的实践者。1982 年 3 月 12 日,邓小平率先垂范,带领家人,在京西玉泉山种下了中国义务植树运动的第一棵树。同年 11 月,他为全军植树造林总结经验表彰先进大会题词:"植树造林,绿化祖国,造福后代"。同年 12 月,他在林业部关于开展全民义务植树运动情况报告上写了批语:"这件事,要坚持二十年,一年比一年好,一年比一年扎实。为了保证实效,应有切实可行的检查和奖惩制度。"②1991年 3 月 7 日,他为全民义务植树十周年再次挥毫:"绿化祖国,造福万代"。1992 年春天,88 岁高龄的邓小平视察深圳期间,在仙湖植物园与家人一起种下了一株高山榕。邓小平从 1982 年起连续十几年参加义务植树活动,提高了全民生态环保的积极性。时至今日,全民义务植树运动已成为植树造林、绿化祖国、改善生态环境的一项重要举措,并产生了巨大的经济、社会和生态效益。

(六) 生态文明制度建设的思想

邓小平一贯重视制度建设,强调制度问题带有根本性、全局性、稳定性和长期性。他主张两手抓(如一手抓建设,一手抓法制),两手都要硬。在生态环境领域同样贯彻了这些思想。1978 年 12 月 13 日,邓小平在中

---

① 国家环境保护总局,中共中央文献研究室.新时期环境保护重要文献选编[M].北京:中央文献出版社,中国环境科学出版社,2001:27-28.
② 邓小平文选(第 3 卷)[M].北京:人民出版社,1993:21.

共中央工作会议闭幕会上的讲话《解放思想,实事求是,团结一致向前看》中提出:"现在的问题是法律很不完备,很多法律还没有制定出来。往往把领导人说的话当做'法',不赞成领导人说的话就叫做'违法',领导人的话改变了,'法'也就跟着改变。所以,应该集中力量制定刑法、民法、诉讼法和其他各种必要的法律,例如工厂法、人民公社法、森林法、草原法、环境保护法、劳动法、外国人投资法等等,经过一定的民主程序讨论通过,并且加强检察机关和司法机关,做到有法可依,有法必依,执法必严,违法必究。"[1]同时,根据他的建议,1978 年的《中华人民共和国宪法》(修正案)明确提出"国家保护环境和自然资源,防治污染和其他公害",环境保护工作首次被列入国家根本大法,确定为国家的一项基本职能,并将自然保护和防治环境污染列为环境法的两大领域。环境保护上升为宪法层面,这就为生态文明建设的长远发展奠定了法律基础。

(七) 保护生态环境要靠科学技术的思想

1988 年,邓小平提出"科学技术是第一生产力"的著名论断。他也非常重视科学技术在环境保护方面的重要作用。科学技术为人类解决生态问题提供认识工具和实践手段,所以运用先进的科学技术保护环境,应用新方法解决环境问题一直是邓小平所倡导的。1983 年 1 月,邓小平在一次谈话中指出:"提高农作物单产、发展多种经营、改革耕作栽培方法、解决农村能源、保护生态环境等等,都要靠科学。"[2]改革开放以来,在国家政策的引导和扶持下,一大批环保项目相继上马,在林业建设、稀缺资源开发和利用等方面,解决了大量全局性、基础性和关键性的技术难题,不仅资源利用效率越来越好,而且解决了部分由资源严重浪费导致的环境污染问题,也为我国的经济社会发展提供了有力支撑。因此,邓小平认为,

---

[1]　邓小平文选(第 2 卷)[M].北京:人民出版社,1994:146-147.

[2]　国家环境保护总局,中共中央文献研究室.新时期环境保护重要文献选编[M].北京:中央文献出版社,中国环境科学出版社,2001:34.

加强法制建设和提高科技水平,二者并举,是我国治理环境污染、搞好环境保护的重要途径。

三、生态文明建设思想的深化发展阶段（1992—2011 年）

20 世纪 90 年代以后,生态环境问题越来越受到国际社会的关注和重视。可持续发展概念自 1987 年世界环境与发展委员会在《我们共同的未来》报告中提出以来,逐渐成为国际社会的广泛共识,成为关于生态环境问题的"主导性全球话语"[①]。1992 年联合国环境与发展大会通过了《里约宣言》和《21 世纪议程》等文件,确立了可持续发展理念,体现了人类发展观的重大转变。以此为契机,我国的生态文明建设也迈入了新的阶段。

（一）实施可持续发展战略的思想

20 世纪 90 年代初,我国人口继续膨胀。根据我国第 4 次人口普查结果,1990 年 7 月 1 日全国总人口为 116002 万人,占世界人口的 21.9%,当时每年新增人口 1500 万左右。庞大的人口数量对资源和环境造成了巨大的压力,催生了毁林开荒、毁牧垦殖、围塘造田、乱砍滥伐、过度放牧等行为,加剧了环境污染、生态破坏。有学者对 20 世纪 90 年代初期的环境污染对经济造成的损失进行了估算,结果如表 2-1 所示。另外,中国 1995 年国内生产总值(GDP)总量是 61339.9 亿元,部分环境污染造成的经济损失大约占当年 GDP 总量的 3.1%,具体情况如表 2-2 所示。据估算,每年水体污染造成的经济损失超过 400 亿元,大气污染造成的经济损失 300 多亿元,固体废弃物和劣质农药造成的损失 200 多亿元,三项合计

---

① 约翰·德赖泽克.地球政治学:环境话语[M].济南:山东大学出版社,2012:145.

共 900 多亿元。① 针对这种状况,当时分管环境工作的国务委员兼国家科委主任宋健忧心忡忡地说:"如果出现了工业污染失控,那就是违反法律,违背基本国策,违背国家、民族和中国人民的最高利益和长远利益,是对人民群众、对子孙万代的不负责任。"②

表 2-1　中国 20 世纪 90 年代初期环境污染造成的经济损失估算(1993 年价)

环境要素	损失项目	损失价值/亿元
大气污染	城市污染对人体健康	78.0
	农业及畜牧业	33.0
	洗涤清扫费用	60.0
酸雨	农作物	16.0
	森林	250.0
	建筑材料侵蚀	22.5
水污染	人体健康	165.0
	污灌对农业损失	47.4
	渔业损失	48.8
	工业缺水损失	65.0
综合性污染	农业环境污染事故	7.0
	农产品超标损失	42.8
	乡镇企业污染对人体健康	72.0
	固体废弃物对农业	33.2
	农用化学物质污染	144.4
总计		1085.1

资料来源:郑易生,阎林,钱薏红.90 年代中期中国环境污染经济损失估算[J].管理世界,1999(2):189-197,207.

---

① 国家环境保护总局,中共中央文献研究室.新时期环境保护重要文献选编[M].北京:中央文献出版社,中国环境科学出版社,2001:173.
② 国家环境保护总局,中共中央文献研究室.新时期环境保护重要文献选编[M].北京:中央文献出版社,中国环境科学出版社,2001:209.

表 2-2 中国 20 世纪 90 年代中期部分环境污染造成的经济损失估算（1995 年价）

环境要素	损失项目	损失价值/亿元
大气污染	城市污染对人体健康	171.0
	酸雨对农作物	45.0
	酸雨对森林	50.0
	酸雨对建筑材料	35.0
水污染	南方水网	51.0
	北方农村	30.5
	工业缺水	750.0
	渔业损失	340.6
	农业损失	206.6
	旅游业损失	50.2
其他	固体废弃物	68.0
	乡镇企业	75.0
	环境公害事故	2.2
总计		1875.1

资料来源：郑易生，阎林，钱薏红.90 年代中期中国环境污染经济损失估算[J].管理世界,1999(2):189-197,207.

这种高投入、高消耗、高污染、低产出的粗放型经济增长模式,造成了难以解决的生态环境问题。以江泽民为核心的党的第三代中央领导集体从战略高度审视生态环境保护问题,积极探索可持续发展道路。江泽民指出:"可持续发展,就是既要考虑当前发展的需要,又要考虑未来发展的需要,不要以牺牲后代人的利益为代价来满足当代人的利益。"[1]在第四次全国环境保护会议上,他强调,"在加快发展中决不能以浪费资源和牺牲环境为代价"。[2] 1995 年 9 月,党的十四届五中全会通过《中共中央关于制定国民经济和社会发展"九五"计划和 2010 年远景目标的建议》,提出

---

① 江泽民文选(第 1 卷)[M].北京:人民出版社,2006:518.
② 江泽民文选(第 1 卷)[M].北京:人民出版社,2006:533.

必须把社会全面发展放在重要战略地位,实现经济与社会相互协调和可持续发展,这是在党的文件中第一次使用"可持续发展"概念,标志着我国生态环境保护事业进入了一个全新的发展阶段,在党的生态文明建设思想史上具有重要的里程碑意义。

1997年9月,党的十五大报告明确提出实施可持续发展战略。江泽民指出:"我国是人口众多、资源相对不足的国家,在现代化建设中必须实施可持续发展战略。坚持计划生育和保护环境的基本国策,正确处理经济发展同人口、资源、环境的关系。资源开发和节约并举,把节约放在首位,提高资源利用效率。统筹规划国土资源开发和整治,严格执行土地、水、森林、矿产、海洋等资源管理和保护的法律。实施资源有偿使用制度。加强对环境污染的治理,植树种草,搞好水土保持,防治荒漠化,改善生态环境。"[1]2001年7月,在中国共产党成立八十周年庆祝大会上,江泽民强调:"要促进人和自然的协调与和谐发展,使人们在优美的生态环境中工作和生活。坚持实施可持续发展战略。"[2]江泽民深刻认识到良好的生态环境对于生产生活的重要意义,指出:"环境保护很重要,是关系我国长远发展的全局性战略问题。"[3]1999年1月11日,江泽民在中共中央举办的省部级主要领导干部金融研究班上的讲话指出,"我们要坚持不懈地增强全党全民族的环境意识,实施可持续发展战略,加强对环境污染的治理,植树种草,搞好水土保持,防止荒漠化,改善生态环境,努力为中华民族的发展创造一个美好的环境"[4]。江泽民在2002年3月的中央人口资源环境工作座谈会上指出:"环境保护工作,是实现经济和社会可持续发展的基础。一定要从全局出发,统筹规划,标本兼治,突出重点,务求实效,进一步控制全国污染物排放总量,改善重点地区环境质量,努力遏制生态环境恶化趋势。"[5]还特别强调,"加强农业和农村的污染防治,做好规模化畜

① 江泽民文选(第2卷)[M].北京:人民出版社,2006:26.
② 江泽民文选(第3卷)[M].北京:人民出版社,2006:295.
③ 江泽民文选(第1卷)[M].北京:人民出版社,2006:532.
④ 江泽民文选(第2卷)[M].北京:人民出版社,2006:295-296.
⑤ 江泽民文选(第3卷)[M].北京:人民出版社,2006:465.

禽养殖的污染防治,积极推广生态农业和有机农业,保护农村饮用水源地,保证食品安全"①。

党的第三代中央领导集体还提出了在西部大开发中实施可持续发展战略。1997 年 8 月 5 日,在一份关于陕北地区治理水土流失、建设生态农业的调查报告上,江泽民批示:"经过一代一代人长期地、持续地奋斗,再造一个山川秀美的西北地区,应该是可以实现的。"②1999 年 6 月 17 日,江泽民在西安主持召开西北地区国有企业改革和发展座谈会,认真分析了西部地区生态环境恶化的现实,指出:"改善生态环境,是西部地区开发建设必须首先研究解决的一个重大课题。加快开发西部地区,就可以集中和调动全国更多力量投入到这项关系中华民族发展前途的宏大事业中去。搞水的搞水,种草的种草,栽树的栽树,修路的修路,那就会很快呈现出一派生机盎然的景象。如果不从现在起努力使生态环境有一个明显改善,在西部地区实现可持续发展战略就会落空,而且我们中华民族的生存和发展条件也将受到越来越严重的威胁。"③可以说,在这一时期,可持续发展理念渗透到了各个领域。在农业工作会议上,他强调,要加强对农业的保护,包括农产品价格保护、耕地保护、农村生态环境保护、灾害援助等。1998 年 12 月,在总结十一届三中全会召开 20 年来我们党的主要历史经验时,江泽民专门提到:"我们讲发展,必须是速度与效益相统一的发展,必须是与人口、资源、环境相协调的可持续发展。"④充分肯定了可持续发展道路的正确性。而实践也证明,自 1995 年以来,中国的可持续能力总体呈上升态势,"九五"期间,全国可持续发展能力年均增长率为0.63％。⑤ 中国已经走进可持续发展的新时代。⑥

① 江泽民文选(第 3 卷)[M].北京:人民出版社,2006:465-466.
② 江泽民文选(第 1 卷)[M].北京:人民出版社,2006:659-660.
③ 江泽民文选(第 2 卷)[M].北京:人民出版社,2006:343-344.
④ 江泽民文选(第 2 卷)[M].北京:人民出版社,2006:253.
⑤ 中国科学院可持续发展战略研究组.2013 中国可持续发展战略报告:未来 10 年的生态文明之路[M].北京:科学出版社,2013:279.
⑥ 刘建伟.新中国成立后中国共产党认识和解决环境问题研究[M].北京:人民出版社,2017:210.

（二）树立和落实科学发展观

　　进入 21 世纪,我国的生态环境问题随着经济社会快速发展而日益突出,发达国家两三百年工业化过程中分阶段出现的环境问题,在中国近二十多年集中显现,呈现出结构型、复合型、压缩型特点,已经严重影响和制约了我国各方面的协调发展,特别是对全面建成小康社会和构建社会主义和谐社会提出了严峻挑战。2002 年 1 月,朱镕基在第五次全国环境保护会议上尖锐地指出:"我们提出可持续发展战略已有多年了,但人们的认识并没有真正统一到这方面上来,更谈不上深入人心,环境污染的很多问题都是由此产生的。"[①]在这样的背景下,2003 年 10 月,在党的十六届三中全会上,以胡锦涛同志为总书记的党中央提出了科学发展观。科学发展观,第一要义是发展,核心是以人为本,基本要求是全面协调可持续,根本方法是统筹兼顾,体现了中国共产党可持续发展思想的与时俱进。2004 年 3 月,胡锦涛在中央人口资源环境工作座谈会上指出:"要彻底改变以牺牲环境、破坏资源为代价的粗放型增长方式,不能以牺牲环境为代价去换取一时的经济增长,不能以眼前发展损害长远利益,不能用局部发展损害全局利益。要在全社会营造爱护环境、保护环境、建设环境的良好风气,增强全民族环境保护意识。"[②]

　　2005 年 2 月,在省部级主要领导干部提高构建社会主义和谐社会能力专题研讨班上的讲话中,胡锦涛强调:"随着人口增多和人们生活水平提高,经济社会发展同资源环境的矛盾还会更加突出。如果不能有效保护生态环境,不仅无法实现经济社会可持续发展,人民群众也无法喝上干净的水、呼吸上清洁的空气、吃上放心的食物,由此必然引发严重社会问题。"[③]"要加强环境污染治理和生态建设,抓紧解决严重威胁人民群众健

①　十五大以来重要文献选编(下)[M].北京:中央文献出版社,2003:2188.
②　胡锦涛文选(第 2 卷)[M].北京:人民出版社,2016:171.
③　胡锦涛文选(第 2 卷)[M].北京:人民出版社,2016:295.

康安全的环境污染问题,保证人民群众在良性循环的环境中生产生活,促进经济发展和人口、资源、环境相协调。要增强全民族环境保护意识,在全社会形成爱护环境、保护环境的良好风尚。"①科学发展观提出的全面、协调、可持续的发展要求,明确将协调人与自然、经济发展与生态环境保护的关系作为科学发展的重要内容,标志着我们党对生态环境问题的认识达到了一个新阶段。

(三) 建设资源节约型和环境友好型社会的思想

资源相对匮乏并且利用率不高是制约我国经济社会可持续发展的重要因素。2014 年,国家信息中心预测,在很长的一段时期,"我国人口多、资源人均占有量少的国情不会改变,非再生性资源储量和可用量不断减少的趋势不会改变"②。人口众多与资源相对短缺的矛盾依然突出。据统计,2004 年中国单位产值能耗比世界平均水平高 2.4 倍,是德国的 4.97 倍,日本的 4.43 倍,甚至是印度的 1.65 倍,而每单位 GDP 产生的氮氧化物是日本的 27.7 倍,德国的 16.6 倍,美国的 6.1 倍,印度的 2.8 倍;每单位 GDP 产生的二氧化硫是日本的 68.7 倍,德国的 26.4 倍,美国的 60 倍。③ 中国在这一快速发展时期,能源消耗剧增。能源的过度利用和消耗,为日益严重的能源危机和环境污染埋下了伏笔。建设"两型社会"即资源节约型和环境友好型社会,就是在这样的背景下提出来的。

早在新中国成立之初,中国共产党就倡导勤俭建国,提倡废物综合利用,后来节约建国一直是党的重要治国思想。随着资源趋紧、环境问题越来越突出,建设"两型社会"成为必然要求。1996 年 7 月,江泽民在第四次全国环境保护会议上指出:"坚持节水、节地、节能、节材、节粮以及节约其

① 胡锦涛文选(第 2 卷)[M].北京:人民出版社,2016:296.
② 十六大以来重要文献选编(上)[M].北京:中央文献出版社,2005:855.
③ 刘建伟.新中国成立后中国共产党认识和解决环境问题研究[M].北京:人民出版社,2017:220.

他各种资源,农业要高产、优质、高效、低耗,工业要讲质量、讲低耗、讲效益,第三产业与第一、第二产业要协调发展。"①1997 年 9 月,江泽民在党的十五大报告中指出:"资源开发和节约并举,把节约放在首位,提高资源利用效率。"②只有坚持节约使用和合理开发各种资源,才能建立可持续发展指导下的节约型经济,实现投入能源资源最小、获得经济效益最大的效果。2002 年 11 月,在党的十六大报告中江泽民指出:"必须把可持续发展放在十分突出的地位,坚持计划生育、保护环境和保护资源的基本国策。稳定低生育水平。合理开发和节约使用各种自然资源。"③

　　党的十六大之后,以胡锦涛同志为总书记的党中央进一步强调保护生态环境,节约利用资源,推动资源利用方式根本转变。胡锦涛强调,"要大力推进循环经济,建立资源节约型、环境友好型社会"④。2005 年 10月,加快建设资源节约型和环境友好型社会写入党的十六届五中全会公报,同月,《中共中央关于制定国民经济和社会发展第十一个五年规划的建议》也将"建设资源节约型、环境友好型社会"提到前所未有的高度。这一时期党中央高度重视节约资源和保护环境工作,结合我国资源环境的形势提出了实现资源节约和环境保护的行动方案。2007 年 10 月,党的十七大报告明确指出,"坚持节约资源和保护环境的基本国策,关系人民群众切身利益和中华民族生存和发展。必须把建设资源节约型、环境友好型社会放到工业化、现代化发展战略的突出位置,落实到每个单位、每个家庭"⑤。建设资源节约型、环境友好型社会,代表着未来社会的发展方向,已经成为影响一国经济未来发展潜力的重要因素。提出"两型社会"的思想是以胡锦涛同志为总书记的党中央对发展中国特色社会主义生态文明理论做出的重要贡献。

---

① 江泽民文选(第 1 卷)[M].北京:人民出版社,2006:532-533.
② 江泽民文选(第 2 卷)[M].北京:人民出版社,2006:26.
③ 江泽民文选(第 3 卷)[M].北京:人民出版社,2006:546.
④ 十六大以来重要文献选编(中)[M].北京:中央文献出版社,2006:823.
⑤ 十七大以来重要文献选编(上)[M].北京:中央文献出版社,2009:19.

四、生态文明建设思想的全面提升阶段（2012年党的十八大以来）

党的十八大以来，以习近平同志为核心的党中央，准确把握新时代人民群众对优美生态环境的追求，以坚持和发展中国特色社会主义、实现中华民族伟大复兴中国梦的伟大目标为导向，深刻而明确地回答了为什么建设生态文明、建设什么样的生态文明、怎样建设生态文明等重大理论和实践问题，形成了习近平生态文明思想，为加快生态文明建设指明了发展方向，提供了根本遵循。

（一）"人与自然是生命共同体"的生态自然观

在党的十九大报告中，习近平总书记指出："人与自然是生命共同体。"[①]人与自然的关系是人类生存与发展的基本关系。在人类社会早期，自然界作为一种完全异己的、有无限威力的和不可制服的力量与人类对立，人类和大自然中的其他动物一样服从于自然的权力，消极地顺从自然和敬畏自然。随着生产工具的改进，人类开发自然、改造自然的能力不断提高。尤其是工业革命的到来，使人类获得了大规模改造自然的能力，"人是万物的尺度""人类主宰自然"的观念日益增强。人类社会在改造自然、征服自然中获得了快速发展，但同时也引发了严重后果。"在人类发展史上特别是工业化进程中，曾发生过大量破坏自然资源和生态环境的事件，酿成惨痛教训。马克思在研究这一问题时，曾列举了波斯、美索不达米亚、希腊等由于砍伐树木而导致土地荒芜的事例。据史料记载，丝绸之路、河西走廊一带曾经水草丰茂。由于毁林开荒、乱砍滥伐，致使这些

① 中国共产党第十九次全国代表大会文件汇编[M].北京：人民出版社，2017：40.

地方生态环境遭到严重破坏。据反映,三江源地区有的县,三十多年前水草丰美,但由于人口超载、过度放牧、开山挖矿等原因,虽然获得过经济超速增长,但随之而来的是湖泊锐减、草场退化、沙化加剧、鼠害泛滥,最终牛羊无草可吃。古今中外的这些深刻教训,一定要认真吸取,不能再在我们手上重犯!"①

人与自然是生命共同体,首先表现为人来自自然、依赖自然。2016 年 1 月 18 日,在省部级主要领导干部学习贯彻党的十八届五中全会精神专题研讨班上的讲话中,习近平总书记再次强调恩格斯《自然辩证法》中著名的"惩罚说"和"报复说",提出了人与自然"共生"关系的思想,他指出:"人因自然而生,人与自然是一种共生关系,对自然的伤害最终会伤及人类自身。"②人是自然界长期发展的产物,没有自然界就没有人本身。人靠自然界生活。自然界既为人类提供生产资料,又为人类提供生活资料;既是人类物质生活的基础,又是人类精神生活的基础。没有自然界,没有外部的感性世界,人什么也不能创造。

其次,人可以认识自然、改造自然,使自然界为自己服务。人来自自然、依赖自然,但在自然面前并不是无能为力的。一方面,人和动植物一样,具有受动性,受自然规律的制约和限制;另一方面,人又具有能动性,不是像动物那样消极地适应自然来维持自己的生存和发展,而是可以通过认识和利用自然规律、改造自然使自然界为自己服务。劳动创造了人本身。在劳动过程中,自然界打上了人类意志的印记,不断地由"自在的自然"转化为"人化的自然",成为属人的存在,不再完全是异己的、控制着人的盲目的物质力量。与此同时,劳动也改变了人类自身的自然,使人不断地从自然奴役中解放出来。

最后,人的活动必须始终遵循自然规律,决不能凌驾于自然之上。人

---

① 中共中央文献研究室.习近平关于社会主义生态文明建设论述摘编[M].北京:中央文献出版社,2017:13-14.

② 中共中央文献研究室.习近平关于社会主义生态文明建设论述摘编[M].北京:中央文献出版社,2017:11.

类虽然可以能动地支配自然、改造自然,但必须尊重自然规律,学会正确地理解自然规律,按自然规律办事。"只有尊重自然规律,才能有效防止在开发利用自然上走弯路。"[①]"人类发展活动必须尊重自然、顺应自然、保护自然,否则就会遭到大自然的报复。这是规律,谁也无法抗拒。"[②]尊重自然,是人与自然相处时应秉持的首要态度,要求人对自然怀有敬畏之心、感恩之情、报恩之意,尊重自然界的创造和存在,决不能凌驾于自然之上。顺应自然,是人与自然相处时应遵循的基本原则,要求人顺应自然的客观规律,按自然规律办事,使人类的活动符合而不是违背自然界的客观规律。保护自然,是人与自然相处时应承担的重要责任,要求人发挥主观能动性,在向自然界索取生存发展之需的同时,呵护自然,回报自然,保护自然界的生态系统。

当前,人与自然的矛盾比较尖锐,在一些地方非常突出,出现了土地沙化、湿地退化、水土流失、河流干涸等严重生态问题。人与自然休戚与共的关系表明,唯有树立尊重自然、顺应自然、保护自然的理念,"像保护眼睛一样保护生态环境,像对待生命一样对待生态环境"[③],才能有效防止在开发利用自然上走弯路,让自然生态美景永驻人间,还自然以宁静、和谐、美丽。这充分体现了习近平生态文明思想的生态自然观。

(二) "绿水青山就是金山银山"的绿色发展观

改革开放初期,浙江安吉余村靠开山采石而成为远近闻名的"首富村",老百姓的腰包鼓起来了,但是生态环境却恶化了。烟尘笼罩,污水横流,成为困扰人民群众的大问题。在抉择的十字路口,2005 年 8 月 15 日,

---

① 中共中央文献研究室.习近平关于社会主义生态文明建设论述摘编[M].北京:中央文献出版社,2017:11.
② 中共中央文献研究室.习近平关于社会主义生态文明建设论述摘编[M].北京:中央文献出版社,2017:13.
③ 中共中央文献研究室.习近平关于社会主义生态文明建设论述摘编[M].北京:中央文献出版社,2017:34.

时任浙江省委书记的习近平来到余村考察,以充满前瞻性的战略眼光,首次提出"绿水青山就是金山银山"的观点,他指出:"我们追求人与自然的和谐,经济与社会的和谐,通俗地讲,就是既要绿水青山,又要金山银山。我省'七山一水两分田',许多地方'绿水逶迤去,青山相向开',拥有良好的生态优势。如果能够把这些生态环境优势转化为生态农业、生态工业、生态旅游等生态经济的优势,那么绿水青山也就变成了金山银山。绿水青山可带来金山银山,但金山银山却买不到绿水青山。绿水青山与金山银山既会产生矛盾,又可辩证统一。在鱼和熊掌不可兼得的情况下,我们必须懂得机会成本,善于选择,学会扬弃,做到有所为、有所不为,坚定不移地落实科学发展观,建设人与自然和谐相处的资源节约型、环境友好型社会。在选择之中,找准方向,创造条件,让绿水青山源源不断地带来金山银山"[①]。任中共中央总书记以来,习近平将生态环境保护放在了更加突出的位置,多次重申并进一步发展了"绿水青山就是金山银山"的思想。

2013年9月,习近平主席在哈萨克斯坦纳扎尔巴耶夫大学演讲时提出:"我们既要绿水青山,也要金山银山。宁要绿水青山,不要金山银山,而且绿水青山就是金山银山。我们绝不能以牺牲生态环境为代价换取经济的一时发展。"[②]2014年3月,习近平总书记在参加十二届全国人大二次会议贵州代表团审议时强调:"既要绿水青山,也要金山银山;绿水青山就是金山银山。绿水青山和金山银山决不是对立的,关键在人,关键在思路。""让绿水青山充分发挥经济社会效益,不是要把它破坏了,而是要把它保护得更好。关键是要树立正确的发展思路,因地制宜选择好发展产业。我们强调不简单以国内生产总值增长率论英雄,不是不要发展了,而是要扭转只要经济增长不顾其他各项事业发展的思路,扭转为了经济增长数字不顾其他各项事业发展的思路,扭转为了经济增长数字不顾一切、

---

① 习近平.之江新语[M].杭州:浙江人民出版社,2007:153.
② 中共中央文献研究室.习近平关于社会主义生态文明建设论述摘编[M].北京:中央文献出版社,2017:21.

不计后果、最后得不偿失的做法。"①习近平总书记这些话将生态环境和生产力之间共生互存的关系进行了深刻阐释,即保护生态环境就是保护生产力,改善生态环境就是发展生产力,进一步发展和丰富了生产力理论,以尊重自然、人与自然和谐相处的价值观念和发展理念,引领中国发展迈向新境界。

绿水青山和金山银山,是对生态环境保护和经济发展的形象化表达,这两者决不是对立的,而是辩证统一、相辅相成、不可分割的。生态环境不仅是人类生产活动的"财富之母",提供了土地、森林、水、矿物、石油等资源,而且为经济活动产生的废弃物提供了排放场所和自然净化场所。经济发展不是对资源和生态环境的竭泽而渔,生态环境保护也不应是舍弃经济发展的缘木求鱼。"鱼逐水草而居,鸟择良木而栖",加强生态环境保护可以为经济发展提供良好的基础,加快经济发展又可以为生态环境保护提供坚强的保障。核心是要正确处理生态环境保护与经济发展的关系,要坚持在发展中保护、在保护中发展。将生态环境优势转化为生态农业、生态工业、生态旅游等生态经济的优势,绿水青山也就变成了金山银山。正如习近平总书记所说:"农村生态环境好了,土地上就会长出金元宝,生态就会变成摇钱树,田园风光、湖光山色、秀美山村就可以成为聚宝盆,生态农业、养生养老、森林康养、乡村旅游就会红火起来。"②

2015 年 5 月,习近平总书记在浙江舟山农家乐小院考察调研时表示:"这里是一个天然大氧吧,是'美丽经济',印证了绿水青山就是金山银山的道理。"③这是"绿水青山就是金山银山"理念历时十年,在浙江大地上的生动实践,也是全国人民学习践行的典范。2016 年 11 月,习近平总书记在关于做好生态文明建设工作的批示中指出:"各地区各部门要切实贯彻

① 中共中央文献研究室.习近平关于社会主义生态文明建设论述摘编[M].北京:中央文献出版社,2017:23.

② 中共中央党史和文献研究院.习近平关于"三农"工作论述摘编[M].北京:中央文献出版社,2019:112.

③ 周咏南,应建勇,毛传来.一步一履总关情——习近平总书记在浙江考察纪实[J].今日浙江,2015(10):9-17.

新发展理念,树立'绿水青山就是金山银山'的强烈意识,努力走向社会主义生态文明新时代。"①2017 年 10 月,习近平总书记在党的十九大报告中再次强调:"必须树立和践行绿水青山就是金山银山的理念,坚持节约资源和保护环境的基本国策。"②如今,"绿水青山就是金山银山"思想已经成为广大人民群众的共识,老百姓在"绿"中实实在在地品尝到了"富"的甘甜,有了更多的获得感、幸福感和安全感。这充分体现了习近平生态文明思想的绿色发展观。

(三) "统筹山水林田湖草沙冰"的系统治理观

早在 2013 年 11 月召开的党的十八届三中全会上,习近平总书记就提出:"我们要认识到,山水林田湖是一个生命共同体,人的命脉在田,田的命脉在水,水的命脉在山,山的命脉在土,土的命脉在树。"③2017 年 7 月,习近平总书记在主持召开的中央全面深化改革领导小组会议上提出"坚持山水林田湖草是一个生命共同体",增加了一个"草"字,将草这一最大的陆地生态系统包括到了生命共同体中,使这个理念首次得以拓展。2018 年 5 月 18 日,在全国生态环境保护大会上,习近平总书记指出:"山水林田湖草是生命共同体。生态是统一的自然系统,是相互依存、紧密联系的有机链条。人的命脉在田,田的命脉在水,水的命脉在山,山的命脉在土,土的命脉在林和草,这个生命共同体是人类生存发展的物质基础。一定要算大账、算长远账、算整体账、算综合账,如果因小失大、顾此失彼,最终必然对生态环境造成系统性、长期性破坏。要从系统工程和全局角度寻求新的治理之道,不能再是头痛医头、脚痛医脚,各管一摊、相互掣肘,而必须统筹兼顾、整体施策、多措并举,全方位、全地域、全过程开展生

①　习近平谈治国理政(第 2 卷)[M].北京:外文出版社,2017:393.
②　中国共产党第十九次全国代表大会文件汇编[M].北京:人民出版社,2017:19.
③　中共中央文献研究室.习近平关于社会主义生态文明建设论述摘编[M].北京:中央文献出版社,2017:47.

态文明建设。比如,治理好水污染、保护好水环境,就需要全面统筹左右岸、上下游、陆上水上、地表地下、河流海洋、水生态水资源、污染防治与生态保护,达到系统治理的最佳效果。要深入实施山水林田湖草一体化生态保护和修复,开展大规模国土绿化行动,加快水土流失和荒漠化石漠化综合治理"①。

2019 年 9 月 18 日,习近平总书记主持召开黄河流域生态保护和高质量发展座谈会,提出要保障黄河安澜,必须抓住水沙关系调节这个"牛鼻子"。2020 年 8 月 31 日,习近平总书记主持召开中共中央政治局会议,审议《黄河流域生态保护和高质量发展规划纲要》,指出要统筹推进山水林田湖草沙综合治理、系统治理、源头治理。2021 年全国"两会"期间,习近平总书记在内蒙古代表团参加审议时提出:"统筹山水林田湖草沙系统治理,这里要加一个'沙'字。"他还说:"山水林田湖草沙怎么摆布,要做好顶层设计,要综合治理,这是一个系统工程,需要久久为功。""比如,有些地方种树还林,把农耕地改了,有些地方不适合改造沙漠,反而花高成本去改造,这些都不行。首先要做好研究、搞好规划,朝科学的方向去改造,不顾实际就会南辕北辙,赔了夫人又折兵、竹篮打水一场空。"②2021 年 4 月 30 日,习近平总书记在主持第十九届中央政治局第二十九次集体学习时进一步指出:"要坚持系统观念,从生态系统整体性出发,推进山水林田湖草沙一体化保护和修复,更加注重综合治理、系统治理、源头治理。"③2021 年 6 月,习近平总书记在青海考察,听到当地干部汇报正统筹推进"山水林田湖草沙冰"系统治理时,习近平总书记表示肯定:"我注意到你们加了个'冰'字,体现了青海生态的特殊性。这个'冰'字也不是所有地方都可

---

① 习近平.推动我国生态文明建设迈上新台阶[J].求是,2019(3):4-19.
② 特写:"这里要加一个'沙'字"——习近平在内蒙古代表团谈生态治理[EB/OL].[2019-03-06].http://www.xinhuanet.com/politics/2021-03/06/c_1127175080.htm.
③ 习近平.论把握新发展阶段、贯彻新发展理念、构建新发展格局[M].北京:中央文献出版社,2021:541.

以加的。"①2021 年 7 月,习近平总书记考察西藏时再次叮嘱:"要坚持保护优先,坚持山水林田湖草沙冰一体化保护和系统治理,加强重要江河流域生态环境保护和修复,统筹水资源合理开发利用和保护,守护好这里的生灵草木、万水千山"②。由 5 个字到 8 个字,不断丰富发展的生命共同体理念是习近平总书记对生态文明建设长期关注、常抓不懈的充分体现。

自然系统是一个有机整体,是人类生存发展的重要生态保障。在自然开发中要充分考虑到自然生态中的各要素,遵循其内在规律,进行系统保护和综合治理。"山水林田湖草沙冰是一个生命共同体"的思想,要求我们树立生态治理的大局观、全局观。由山川、林草、湖沼、沙冰等组成的自然生态系统,存在着无数相互依存、紧密联系的有机链条,牵一发而动全身。无论是哪个地方、哪个部门,无论处于生态环保的哪个环节,都应该意识到,自己的行为会经由生态系统的内部传导机制影响到其他地方,甚至影响到生态环保大局。这一思想还要求我们在生态环境治理中更加注重统筹兼顾。长期以来,生态环境保护领域存在各自为政、九龙治水、多头治理等问题。如果种树的只管种树,治水的只管治水,护田的只管护田,就很容易顾此失彼,生态就难免会遭到破坏。统筹山水林田湖草沙冰系统治理,旨在从系统工程和全局角度寻求新的治理之道,通过统筹兼顾、整体施策、多措并举,推动生态环境治理现代化。这充分体现了习近平生态文明思想的系统治理观。

(四) "每个单位、每个家庭、每个人的自觉行动"的全民行动观

生态文明建设是人民群众共同参与、共同建设、共同享有的事业。习

---

① 总书记赴青海考察调研的 4 个瞬间[EB/OL].[2021-06-11]. http://www.xinhuanet.com/politics/2021-06/11/c_1127555988.htm.

② 从青海到西藏 总书记两次考察丰富了这个理念[EB/OL].[2021-07-25]. http://news.youth.cn/sz/202107/t20210725_13126899.htm.

近平总书记强调："要加强生态文明宣传教育,增强全民节约意识、环保意识、生态意识,营造爱护生态环境的良好风气。""使节约用水成为每个单位、每个家庭、每个人的自觉行动。"①加强生态环境宣传教育,既是增强全民节约意识、环保意识、生态意识和营造爱护生态环境良好风气的重要举措,又是传播生态文化和生态伦理道德的重要形式;既能增进人民群众支持理解生态环境保护和污染防治攻坚战的情感,又能对生态环境保护和污染防治攻坚战起到引导催化、调理疏通、事半功倍的作用。如果舆论有失事实或者宣传不及时,则会对生态环境保护和污染防治攻坚战起到负面作用,甚至带来无法挽回的损失。

生态文化就是从人统治自然的文化过渡到人与自然和谐共生的文化。这是人的价值观念的根本转变,这种转变使人类中心主义价值取向过渡到人与自然和谐发展的价值取向。生态文化重要的特点在于用生态学的基本观点去观察现实事物、解释现实社会、处理现实问题,运用科学的态度去认识生态学的研究途径和基本观点,建立科学的生态思维理论。通过认识和实践,形成经济学和生态学相结合的生态文化理论。生态文化理论的形成,使人们在现实生活中逐步增加生态保护的色彩。

生态伦理即人类处理自身及其周围的动物、环境和大自然等生态环境关系的一系列道德规范,通常是人类在进行与自然生态有关的活动中所形成的伦理关系及其调节原则。人类的自然生态活动反映出人与自然的关系,其中又蕴藏着人与人的关系,表达出特定的伦理价值理念与价值关系。人类作为自然界系统中的一个子系统,与自然生态系统进行物质、能量和信息交换,自然生态构成了人类自身存在的客观条件。因此,人类对自然生态系统给予道德关怀,从根本上说也是对人类自身的道德关怀。

必须弘扬生态文明主流价值观,把生态文明纳入社会主义核心价值体系,加强生态文明宣传教育,强化公民生态环境保护意识,构建全民行

---

① 中共中央文献研究室.习近平关于社会主义生态文明建设论述摘编[M].北京:中央文献出版社,2017:116.

动体系,"生态文明建设同每个人息息相关,每个人都应该做践行者、推动者。要强化公民环境意识,倡导勤俭节约、绿色低碳消费,推广节能、节水用品和绿色环保家具、建材等,推广绿色低碳出行,鼓励引导消费者购买节能环保再生产品,推动形成节约适度、绿色低碳、文明健康的生活方式和消费模式"①。要加强生态文明宣传教育,把珍惜生态、保护资源、爱护环境等内容纳入国民教育和培训体系,纳入群众性精神文明创建活动,在全社会牢固树立生态文明理念,形成全社会共同参与的良好风尚。这充分体现了习近平生态文明思想的全民行动观。

(五)"用最严格的制度、最严密的法治保护生态环境"的严密法治观

建设生态文明,重在建章立制。奉法者强则国强,奉法者弱则国弱。我国生态文明建设存在的一些突出问题,大都与体制不完善、机制不健全、法治不完备有关。例如,由于部分地区生态环境保护的责任机制不完善,搞口号环保,假治理,走过场,平时不用力、临时一刀切的行为仍在频频发生,屡禁不止,导致一些地区生态环境质量恶化、风险加剧。

2013年5月,习近平总书记在主持十八届中央政治局第六次集体学习时提到:"保护生态环境必须依靠制度、依靠法治。只有实行最严格的制度、最严密的法治,才能为生态文明建设提供可靠保障。"同时,"生态红线的观念一定要牢固树立起来。我们的生态环境问题已经到了很严重的程度,非采取最严厉的措施不可,不然不仅生态环境恶化的总态势很难从根本上得到扭转,而且我们设想的其他生态环境发展目标也难以实现。"②

---

① 中共中央文献研究室.习近平关于社会主义生态文明建设论述摘编[M].北京:中央文献出版社,2017:122.
② 中共中央文献研究室.习近平关于社会主义生态文明建设论述摘编[M].北京:中央文献出版社,2017:99.

2013 年 11 月,党的十八届三中全会通过的《中共中央关于全面深化改革若干重大问题的决定》明确提出:"建设生态文明,必须建立系统完整的生态文明制度体系,实行最严格的源头保护制度、损害赔偿制度、责任追究制度,完善环境治理和生态修复制度,用制度保护生态环境。"①2014 年 10 月,十八届四中全会提出:"用严格的法律制度保护生态环境,加快建立有效约束开发行为和促进绿色发展、循环发展、低碳发展的生态文明法律制度,强化生产者环境保护的法律责任,大幅度提高违法成本。建立健全自然资源产权法律制度,完善国土空间开发保护方面的法律制度,制定完善生态补偿和土壤、水、大气污染防治及海洋生态环境保护等法律法规,促进生态文明建设。"②2015 年 9 月,国家出台的《生态文明体制改革总体方案》,对我国生态文明建设做出了顶层设计,就生态文明领域改革中的思想、理念、原则、保障等重要方面进行了安排部署,确保生态文明体制改革的系统性和协同性。2015 年 10 月,党的十八届五中全会将"加强生态文明建设"纳入五年规划任务目标之一。③ 2016 年 12 月,习近平总书记对生态文明建设做出重要批示:"要深化生态文明体制改革,尽快把生态文明制度的'四梁八柱'建立起来,把生态文明建设纳入制度化、法治化轨道。"④在上述探索的基础上,党的十九大报告明确提出,建设生态文明必须实行最严格的生态环境保护制度。

党的十八大以来,我国出台了一系列改革举措和相关制度,生态文明制度的"四梁八柱"已经基本形成。制度的生命力在于执行,关键在真抓,靠的是严管。2015 年 3 月 6 日,习近平总书记在参加十二届全国人大三次会议江西代表团审议时强调:"对破坏生态环境的行为,不能手软,不能下不为例。"⑤2018 年 5 月 18 日,在全国生态环境保护大会上的讲话中,

① 中国共产党第十九次全国代表大会文件汇编[M].北京:人民出版社,2017:19.
② 中共中央关于全面推进依法治国若干重大问题的决定[N].人民日报,2014-10-29.
③ 习近平谈治国理政(第 2 卷)[M].北京:外文出版社,2017:79.
④ 习近平谈治国理政(第 2 卷)[M].北京:外文出版社,2017:393.
⑤ 中共中央文献研究室.习近平关于社会主义生态文明建设论述摘编[M].北京:中央文献出版社,2017:107.

习近平总书记进一步指出,用最严格制度最严密法治保护生态环境,加快制度创新,强化制度执行,让制度成为刚性的约束和不可触碰的高压线。因此,要下大力气抓住破坏生态环境的反面典型,释放出严加惩处的强烈信号,决不能让制度规定成为"没有牙齿的老虎",要像抓中央生态环境保护督查一样抓好落实,不得做选择、搞变通、打折扣,保证党中央关于生态文明建设的决策部署落地生根见效。未来,还要继续加快体制改革和制度创新,使之成为硬约束而不是橡皮筋。这充分体现了习近平生态文明思想的严密法治观。

(六) "携手共建生态良好的地球美好家园"的全球共赢观

2013 年 7 月 18 日,习近平主席在《致生态文明贵阳国际论坛二○一三年年会的贺信》中说:"保护生态环境,应对气候变化,维护能源资源安全,是全球面临的共同挑战。中国将继续承担应尽的国际义务,同世界各国深入开展生态文明领域的交流合作,推动成果分享,携手共建生态良好的地球美好家园。"①宇宙只有一个地球,人类共有一个家园。地球是人类赖以生存的家园,珍爱和呵护地球是人类的唯一选择。保护生态环境是全球面临的共同挑战和共同责任,需要世界各国同舟共济、共同努力,任何一个国家都无法置身事外、独善其身。国际社会应该携手同行,构筑尊崇自然、绿色发展的全球生态体系,共谋全球生态文明建设之路。

就生态文明建设形成国际共识,实现国际密切合作,是习近平生态文明思想的一个重要特征。2015 年 9 月,习近平主席在第七十届联合国大会一般性辩论时的讲话中说:"建设生态文明关乎人类未来。国际社会应该携手同行,共谋全球生态文明建设之路,牢固树立尊重自然、顺应自然、

① 中共中央文献研究室.习近平关于社会主义生态文明建设论述摘编[M].北京:中央文献出版社,2017:127.

保护自然的意识,坚持走绿色、低碳、循环、可持续发展之路。"①2016 年 6 月,习近平主席在乌兹别克斯坦最高会议立法院演讲时强调:"我们要着力深化环保合作,践行绿色发展理念,加大生态环境保护力度,携手打造'绿色丝绸之路'。"②2017 年 5 月,习近平主席在"一带一路"国际合作高峰论坛开幕式上的演讲中提到:"我们要践行绿色发展的新理念,倡导绿色、低碳、循环、可持续的生产生活方式,加强生态环保合作,建设生态文明,共同实现 2030 年可持续发展目标。"③2019 年 4 月 28 日,习近平主席在 2019 年中国北京世界园艺博览会开幕式上的讲话中说:"建设美丽家园是人类的共同梦想。面对生态环境挑战,人类是一荣俱荣、一损俱损的命运共同体,没有哪个国家能独善其身。唯有携手合作,我们才能有效应对气候变化、海洋污染、生物保护等全球性环境问题,实现联合国 2030 年可持续发展目标。只有并肩同行,才能让绿色发展理念深入人心、全球生态文明之路行稳致远。"④2021 年 4 月 30 日,习近平总书记在主持第十九届中央政治局第二十九次集体学习时进一步指出:"我们要秉持人类命运共同体理念,积极参与全球环境治理,加强应对气候变化、海洋污染治理、生物多样性保护等领域国际合作,认真履行国际公约,主动承担同国情、发展阶段和能力相适应的环境治理义务,为全球提供更多公共产品,不断增强制度性权利,实现义务和权利的平衡,展现我国负责任大国形象。"⑤

为了控制温室气体排放和气候变化危害,自 1992 年联合国环境与发展大会通过《气候变化框架公约》以来,世界各国积极努力了近 30 年,取得了《京都议定书》和《巴黎协定》等重要成果。中国积极参与环境保护国

① 中共中央文献研究室.习近平关于社会主义生态文明建设论述摘编[M].北京:中央文献出版社,2017:131.

② 中共中央文献研究室.习近平关于社会主义生态文明建设论述摘编[M].北京:中央文献出版社,2017:138.

③ 习近平谈治国理政(第 2 卷)[M].北京:外文出版社,2017:513.

④ 习近平在 2019 年中国北京世界园艺博览会开幕式上的讲话[EB/OL].[2019-04-28].http://www.xinhuanet.com/2019-04/28/c_1124429816.htm.

⑤ 习近平.论把握新发展阶段、贯彻新发展理念、构建新发展格局[M].北京:中央文献出版社,2021:542.

际合作,参与国际社会应对气候变化进程,主动承担国际责任,已批准加入 50 多项与生态环境有关的多边公约和议定书,在推动全球气候谈判、促进新气候协议达成等方面发挥着积极的建设性作用。现在,中国已经成为推动《巴黎协定》生效和维护《巴黎协定》权威的重要力量。中国在环境保护领域的努力得到国际社会的肯定。联合国环境规划署、世界银行、全球环境基金曾先后将"联合国环境规划署笹川环境奖""绿色环境特别奖""全球环境领导奖""地球卫士奖"等授予中国环保等部门。

　　人类是命运共同体,建设绿色家园是人类的共同梦想。中国是负责任的发展中大国,积极承担应尽的国际义务,同世界各国深入开展生态文明领域的交流合作,推进绿色"一带一路"建设,已成为全球生态文明建设的重要参与者、贡献者、引领者。面向未来,我国将继续秉持人类命运共同体理念,坚决维护多边主义,建设性参与全球生态环境治理,加快构筑尊崇自然、绿色发展的生态体系,为实现全球可持续发展贡献中国智慧和中国方案。坚持共谋全球生态文明建设,共建清洁美丽世界。这充分体现了习近平生态文明思想的全球共赢观。

第三节　中华优秀传统文化蕴含的生态智慧

　　我国是一个农业大国,有着几千年的农业生产历史。广大劳动人民在农业生产实践中不断探索,积累了丰富的农业生产经验,并将其系统化、理论化,形成了丰富的生态农业可持续发展思想。

一、"三才"和"三宜"思想

受中国原始哲学"天人合一"思想的影响,古人把天、地、人称为"三才"。《周易》最早提出了"天、地、人"三才之道的伟大思想。《周易·系辞下》中有:"有天道焉,有人道焉,有地道焉。兼三才而两之,故六。六者非它也,三才之道也。"《孟子·公孙丑下》有"天时不如地利,地利不如人和"的论断。《吕氏春秋·审时篇》提出:"夫稼,为之者人也,生之者地也,养之者天也。"强调"天、地、人"是农业生产的三要素。《管子·禁藏》中有言:"顺天之时,约地之宜,忠人之和,故风雨时,五谷实,草木美多,六畜蕃息,国富兵强"。这就是说,人们只有在农业生产中,做到天时、地利、人和三者的和谐与协调,才能出现五谷丰登、六畜兴旺、国富兵强的局面。《荀子·富国》中记有:"上得天时,下得地利,中得人和,则财货浑浑如泉源,汸汸如河海,暴暴如丘山,不时焚烧,无所臧之"。西汉《淮南子》中说:"上因天时,下尽地力,中用人力,是以群生遂长,五谷蕃殖"。贾思勰的《齐民要术》提出:"顺天时,量地利,则用力少而成功多。任情返道,劳而无获。"南宋《陈旉农书》中说:"在耕稼,盗天地之时利,可不知耶"。由此可见,"三才"思想在古代就已深入人心。它牢固地培育了中华民族乐意与天地合一、与自然和谐的精神,人们认为天时、地利、人和的作用是影响生物生长发育的至关重要的因素,把农业生产看作生物、环境与人类相互作用的过程。

在"三才"思想基础上,中国古代又出现了时宜、地宜、物宜的"三宜"思想。"三宜",就是强调因时、因地、因物制宜,合理安排农业生产。我们的先人早就懂得了这个道理。《诗经·秦风·车邻》中就有"阪(高地)有桑,隰(低洼地)有杨"的诗句。《孟子》中有"五亩之宅,树墙下以桑"的记载。《管子》中写道:"天时不祥,则有水旱,地道不宜,则有饥馑","五谷不宜其地,国之贫也"。《淮南子·齐俗训》一书对"三宜"思想做了系统总结,指出"水处者渔,山处者木,谷处者牧,陆处者农",并提出用二十四节气指导农事活动。西汉《氾胜之书》中说:"得时之和,适地之宜,田虽薄恶,收可亩十石"。《齐民要术》中明确写道:"入泉伐木,登山求鱼,手必虚;迎风散水,逆坂走丸,其势难。"在元代《王祯农书》的《农桑通诀》中有如下记载:"九州之内,田各有等,土各有产,山川阻隔,风气不同,凡物之种,各有所宜,故宜于冀、兖者,不可以青、徐论,宜于荆、扬者,不可以雍、豫拟。此圣人所谓'分地之利'者也。"明代马一龙在《农说》中有言:"合天时、地脉、物性之宜,而无所差失,则事半而功倍"。可见,我国两千多年前提出的协调生物与环境关系的"因地制宜、因时制宜、因物制宜"的"三宜"思想,也是古代生态农业的重要理论基础。

二、"地力常新壮"农地可持续利用思想

土地是人类生存的根本。古人说:"民之所生,衣与食也;衣食所生,水与土也"。有了土地,人类才得以生产衣食,才得以果腹温饱。可以说,土地资源促进了人类文明的发展,使人类在生存的基础上创造出辉煌灿烂的物质文明和精神文明。"万物土中生,有土斯有粮",这是我国劳动人民在长期实践中对土地重要性的最为直接、准确的概括和总结。

早在两千二百多年前的《吕氏春秋·任地篇》中就有"地可使肥,又可使棘"的论述,阐明了土壤肥沃与贫瘠的辩证关系,说明人的活动可以对土壤肥力起到调节控制作用。东汉初年的班固在《白虎通德论·天地》中指出:"地者,易也。言养万物怀妊,交易变化也。"他认为土壤可以变易、交易,如同怀孕生子一样,具有养育万物的功能,体现为播在土壤中的种子长出植株,再由植株变成种子。在这一过程中,人们与土壤之间在进行着施肥与取走农产品的交易。东汉郑玄对《周礼》的注释有"以万物自生焉,则言土。土,吐也"之论,还说"土者是地之吐生物者也,以人所耕而树艺焉则曰壤"。即把"万物自生"的土地称作"土",也就是自然土壤;把"人

所耕而树艺"的土地称作"壤",也就是农业土壤,强调了人在成壤过程中的主观能动作用。

南宋著名农学家陈旉在《陈旉农书》中驳斥了"地久耕必耗"的观点,创造性地提出了"地力常新壮"的观点。他反对"或谓土敝则草木不长,气衰则生物不遂,凡田土种三五年,其力已乏"的旧观点,而是主张:"若能时加新沃之土壤,以粪土治之,则益精熟肥美,其力当常新壮矣,抑何敝何衰之有?"元代的农学家王祯也认为:"田有良薄、土有肥饶,耕农之事,粪壤为急。粪壤者,所以变薄田为良田,化硗土为肥土也。"而且"所有之田,岁岁种之,土敝气衰,生物不遂,为农者必储粪朽以粪之,则地力常新壮而收获不减"。清代《三农记·粪田篇》也认为:"土有厚薄,田有美恶,得人之营,可化恶为美,假粪之力,可变薄为厚。"这些探索都说明土地贫瘠是相对的,人们可以采用作物轮作、土壤轮耕、合理施肥、利用微生物活动等有效措施,把用地和养地结合起来,在提高土地利用率的同时培肥地力,以保证农地资源的可持续利用。

三、"桑基鱼塘"农业资源循环经济思想

"桑基鱼塘"是植桑养蚕同池塘养鱼相结合的一种综合经营方式,是我国珠江三角洲和太湖流域地区先民的伟大创造。这些地区地势低洼,水患严重。当地广大劳动人民在长期的生产实践中,因地制宜,因势利导,根据地区特点,利用池塘养鱼,池岸栽桑,以桑叶喂蚕,以蚕沙、蚕蛹等饲鱼,再以鱼类粪便肥田育桑,使栽桑、养蚕、养鱼三者结合,形成了"基种桑,塘养鱼,桑叶饲蚕,蚕屎饲鱼,两利俱全,十倍禾稼"的生产格局和桑、蚕、鱼、泥互相依存、互相促进的良性循环,避免了水涝,营造了十分理想的生态环境,收到了理想的经济效益,同时减少了环境污染,是一种科学环保的生产方式。

"桑基鱼塘"是利用生态系统中的物质循环、能量流动、食物链传递等

生态学原理而设计的一种农业生产模式,能够提高资源的利用效率。在这个食物链中,桑树是生产者,蚕是一级消费者,鱼是二级消费者,鱼塘中的微生物则是分解者,物质在其中周而复始地循环,生生不息,废物得到全面的利用。在这种生态循环过程中,一个生产环节的产出是另一个生产环节的投入,使系统中各种废弃物得到多次循环利用,实现物质综合利用、循环再生和无废物生产,既减少了资源浪费,又避免了废弃物污染环境,成功地实现了生态效益、经济效益和社会效益相统一。这种农业生产模式最大的优势是实现了农业资源充分循环利用,节约生产成本,在物质与能量的循环上符合协同进化原理,也是生态农业应遵循的原则。与之类似的综合经营方式还有珠江三角洲地区的蔗基鱼塘、菜基鱼塘、果基鱼塘、花基鱼塘。

"桑基鱼塘"这种水陆相依、互为补给的基塘人工生态系统是我国东南部水网地区人民在水土资源利用方面创造的一种传统复合型农业生产模式。据《陈旉农书》记载,"若高田视其地势,高水所会归之处,量其所用而凿为陂塘,约十亩田即损二三亩以潴畜水……堤之上,疏植桑柘,可以系牛。牛得凉荫而遂性,堤得牛践而坚实,桑得肥水而沃美,旱得决水以灌溉,潦即不至于弥漫而害稼"。证明南宋初期江南太湖一带的基塘农业已有一定规模。明末清初文学家屈大均在其所撰著的《广东新语》一书中这样写道:"广东农民往往弃肥田以为基,以树果木,基下为池以畜鱼,池大的至数十亩。又矶围堤岸皆种荔枝、龙眼……以淤泥为墩,高二尺许,使潦水不及,以葛荔盖覆,烈日不及。"在珠江三角洲,在16世纪初就形成了著名的基塘系统,并逐步扩展。到18世纪由于蚕丝贸易的发展,该地区的桑基鱼塘得到迅速发展,"池内养鱼,堤上植桑,毫无弃废之地",因而出现了"桑茂、蚕壮、鱼肥大,塘肥、基好、蚕茧多"的景象。

浙江湖州"桑基鱼塘"系统始于春秋战国时期,距今2500多年历史。湖州和孚镇是中国传统桑基鱼塘系统最集中、最大、保留最完整的区域,现有近4000公顷桑地和10000公顷鱼塘,拥有我国历史最悠久的综合生态养殖模式,被联合国教科文组织评价为"世间少有美景,良性循环典范"。其中,区域内菱湖镇射中村于 2004 年 6 月就已经成为联合国粮农组织亚太地区综合养鱼培训中心的桑基鱼塘教学基地。同时,桑基鱼塘系统也得到全球重要农业文化遗产(GIAHS)科学委员会委员和高级培训班学员的高度赞赏与肯定。而和孚镇荻港村蚬壳湾里的 67.13 公顷桑地和鱼塘,已被划为桑基鱼塘系统核心保护区。2014 年 5 月,湖州桑基鱼塘系统入选原农业部公布的第二批中国重要农业文化遗产名录。2017 年11 月 23 日,"浙江湖州桑基鱼塘系统"通过联合国粮农组织专家评审,入选全球重要农业文化遗产保护名录。2018 年 4 月 19 日,在意大利罗马举行的全球重要农业文化遗产国际论坛上,"浙江湖州桑基鱼塘系统"正式被联合国粮农组织授予"全球重要农业文化遗产证书"。

四、利用生物多样性防治农业自然灾害的思想

生物防治是利用有益生物或其他生物来抑制或消灭有害生物的一种防治方法。生物防治思想在我国源远流长的农耕文明中表现得十分突出。利用自然界物种间的食物链关系防治害虫是我国古代生态农业的杰出成就之一。

晋代嵇含在《南方草木状》中描述了市场上卖的一种黄蚁,这种蚁连同树上的巢一并出售,个头大于常蚁。橘园中如果没有它,果实将会被蠹虫损伤殆尽。这是世界上以虫治虫的最早记载,同时也是世界最早的生物防治先例。

《齐民要术》指出,大多数作物不宜连种,需合理轮作。例如,"谷田必须岁易"(《种谷篇》)、"麻,欲得良田,不用故墟"(《种麻篇》)、"稻无所缘,唯岁易为良"(《水稻篇》)。谷子连作就会"莠多而收薄",麻连作就会"有点叶、夭折之患",稻连作就会"草稗俱生,芟亦不去"。《齐民要术》还记载:将豆科作物和其他作物轮作或间作,既可增进地力,又可增加产量;在葱地中套种芜菁,随时供食用,也不会妨碍葱的生长;在桑树下常常刨一

刨,种些绿豆、小豆,这两种豆很肥美,又保持土壤润泽,对桑树有好处。这种间作套种、优化组合,符合系统自适应机理,多种作物既相互影响、协调同步,又使系统与环境相适应,从而显示出一种整体效应。

唐代刘恂在《岭表录异》中记载:"新泷等州,山田栋荒,平处以锄锹,开为盯瞳,伺春雨,丘中贮水,即先买鲩鱼子散水田之中,一二年后鱼儿长大,食草根并尽,即为熟田,又收鱼利,乃种稻,且无稗草,乃齐民之上术也。"这种稻田养鱼方法,利用鱼食水草、鱼粪肥田的共生关系,达到除草、养鱼、肥田的目的,在南方稻区至今广泛应用,效益明显。

宋代《陈旉农书》中记载了桑与苎麻搭配间种,由于二者根系伸入土中深浅不同,在土壤中占据的空间层次不同,生长期互不影响,而每次施肥又能同时受益。

元代《农桑辑要》对桑树与作物的关系做了较为全面系统的总结,书中指出并不是所有的粮食作物都适合与桑间套作,如谷子易引起土壤干旱,影响桑叶质量,还会引起病虫害;高粱枝叶高大,与桑的植株高度相当,会影响田间通风透光度,使两种作物的生长都受到影响,所以桑间要套矮秆作物,在地面空间上分出层次。书中还指出绿豆、黑豆、芝麻、瓜芋等适宜与桑间作的作物品种。

明代朱国祯的《涌幢小品》记有:"开荒时,先种芝麻一年,后种五谷,盖芝麻能败草木之根。"以达到减少新开垦地的杂草的目的。明代《谓崖文集》记载,广东顺德一带水田中有一种小蟹以稻谷的嫩芽为食,是水稻之害。由于鸭可食蟹,当地农民便在水田中养鸭,这样既生产了鸭肉、鸭蛋,又消灭了危害水稻的螃蟹和害虫,鸭粪又肥了稻田,实现了一举三得。明代徐光启《农政全书》总结了棉稻轮作防治虫害的经验:"凡高仰田,可棉可稻者,种棉二年,翻稻一年,即草根溃烂,土气肥厚,虫螟不生,多不得过三年,过则生虫"。

清代《治蝗全法》记载:"咸丰七年四月,无锡军山、章山,山上之蝻,亦以鸭七八百捕,顷刻即尽。"湖北《蒲圻县乡土志》也载:"咸丰七年大旱,飞蝗蔽天……蝗子初生……编竹枝为巨帚,随在捕之,或驱鸭食之,立尽。"

由此可见，以鸭治蝗蝻效果良好，而且如在稻田中养鸭，还能捕食飞虱、叶蝉、稻蟓、粘虫、负泥虫等多种害虫，同时能起到中耕除草作用。清代黄可润在《谷菜同畛》中介绍了河北无极一带农民的粮菜组合形式："无极农民，种五谷，棉花之畦，多种菜及豆，以附于畦。盖谷与菜共畛，不惟不相妨，而反有益，浇菜则禾根润，锄菜则谷地松，至谷熟菜可继发矣。"中国传统农业技术在农田作物多样性的利用方面更为丰富。

在防治有害生物上，人们懂得利用有害生物的天敌控制其危害，达到持续、高效的防治效果，有利于生态平衡。如依靠鸟类来捕食蝗虫、用蚁类防治柑橘树的蛀虫、用猫头鹰捕鼠等，利用自然界中生物相生相克的原理来治理虫灾，这样既能消除虫灾，又不会导致作物减产变质，是几千年来我国劳动人民在农业生产中探索出的智慧结晶。

五、保护和合理利用农业自然资源的思想

农业生产既是经济的再生产过程，同时又是自然的再生产过程，这一特征决定了一定数量和质量的自然资源，是农业发展的不可缺少的条件。《管子·轻重甲》言"为人君而不能谨守其山林、菹泽、草莱，不可以立为天下王"，《管子·立政》中有"山泽不救于火，草木不植成，国之贫也"的说法，这些都说明保护农业生态资源的重要意义。《管子·权修》中云"一年之计，莫如树谷；十年之计，莫如树木"，"一树一获者，谷也；一树十获者，木也"。《管子·八观》中云"山林虽广，草木虽美，禁发必有时"，"江海虽广，池泽虽博，鱼鳖虽多，罔罟必有正"。《管子·七法》中云"百姓、鸟兽、草木之生，物虽不甚多，皆均有焉，而未尝变也，谓之则"。这些论述都强调自然是慷慨的，人类善待自然，按照大自然规律活动，取之有时，用之有度，自然就会馈赠人类。

我国在保护和合理利用农业自然资源方面有着悠久的历史。战国时代，孟轲就主张"不违农时，谷不可胜食也；数罟不入洿池，鱼鳖不可胜食

也;斧斤以时入山林,材木不可胜用也。谷与鱼鳖不可胜食,材木不可胜用,是使民养生丧死无憾也。养生丧死无憾,王道之始也"。《荀子·王制》中有言:"草木荣华滋硕之时,则斧斤不入山林,不夭其生,不绝其长也。鼋、鼍、鱼、鳖、鳅、鳝孕别之时,罔罟毒药不入泽,不夭其生,不绝其长也。春耕、夏耘、秋收、冬藏,四者不失时,故五谷不绝,而百姓有余食也。洿池渊沼川泽,谨其时禁,故鱼鳖优多,而百姓有余用也。斩伐养长不失其时,故山林不童,而百姓有余材也。"《吕氏春秋》中,以月令的形式,对何时伐木、烧草、捕兽、捉鱼均有提及,并指出:"竭泽而渔,岂不获得? 而明年无鱼;焚薮而田,岂不获得? 而明年无兽。"《淮南子·主术训》中记载:"畋不掩群,不取麛夭,不涸泽而渔,不焚林而猎。豺未祭兽,罝罦不得布于野;獭未祭鱼,网罟不得入于水;鹰隼未挚,罗网不得张于溪谷;草木未落,斤斧不得入山林;昆虫未蛰,不得以火烧田。孕育不得杀,鷇卵不得探,鱼不长尺不得取,彘不期年不得食。"意思是,田猎时不杀光群兽,不捕捉鹿子、麋子,不放干池沼捞鱼,不焚毁森林打猎。没到豺狗捕杀弱兽的十月,不准在野外张布罗网;不到水獭捕杀鱼群的初春时节,不准在水域撒网下罟;不到老鹰鹄鸟捕杀食物的立秋时节,不许在山谷张设罗网;草木开始凋落的九月以前,不准进山林动斧开锯;昆虫开始蛰伏的十月以前,不准烧田。怀胎的母兽不准捕杀,正在孵化的鸟蛋不准摸取,鱼没长到一尺长不许捕捞,猪不满一岁不准宰杀。

相传大禹治水后,就颁布了保护自然资源的法令。据《逸周书·大聚解》记载:"禹之禁,春三月,山林不登斧,以成草木之长;夏三月,川泽不入网罟,以成鱼鳖之长。"有人说这是中国最早的关于保护自然资源的法令。但也有人说,周文王颁布的《伐崇令》,有文"毋坏屋,毋填井,毋伐树木,毋动六畜。有不如令者,死无赦",这应该被誉为世界上最早的环境保护法令。我国古代很早就有尊重自然、保护生态的观念,并把这种观念上升为国家管理制度,专门设立掌管山林川泽的机构,制定政策法令,这就是虞衡制度。后来不少朝代也都有保护自然的律令并对违令者重惩。孔子主张"钓而不纲,弋不射宿",意思是钓鱼而不用网去捕鱼,只射飞鸟而不射巢中歇宿的鸟。到了秦代,则有了内容更为翔实和完备的自然资源保护法令,如《秦律·田律》规定:从春季二月开始,不准进山砍伐树木;不准堵塞林间水道;不准入山采樵,烧草木灰;不准捕捉幼兽、幼鸟或掏鸟卵,不准用药物毒杀鱼鳖等。以上禁令到七月才解除,并规定了对违禁者的处罚措施。自秦以后,一直到清代,历代王朝几乎都制定了类似的法律条文。这些法律条文的制定和实施,对于保持各种生物资源的再生能力具有十分重要的意义。

第四节　发达资本主义国家农业生态环境保护的思想借鉴

在西方发达资本主义国家生态环境保护运动史上,有许多著作以其对生命和自然的深刻体悟,对美丽荒野的细致描绘,对家园损毁和生存危机的忧患意识,对现代生活观念的深刻反思,感动着成千上万的读者,激励着人们自觉投身生态环境保护事业。利奥波德的《沙乡年鉴》、卡逊的《寂静的春天》、福冈正信的《自然农法——绿色哲学的理论与实践》就是其中的典型代表。这些著作和思想的广泛传播,一定程度上改变了人类社会的思想观念和生产生活方式,促成了各国生态环境保护机构和政策的问世,以及一系列国际性环境保护机构和组织的酝酿成立,推动了世界环境保护运动的发展,对新时代我国农村生态文明建设也具有重要的借鉴意义。

一、大地伦理思想

奥尔多·利奥波德是美国享有国际声望的科学家和环境保护主义者,被称作美国新环境保护运动的先知和美国新环境理论的创始者。他注意到工业文明带给生态环境尤其是农村生态环境的负面影响。他在1949年出版的《沙乡年鉴》这部自然随笔和哲学论文集中,呼吁保护生态环境,提出了关于人与自然和谐相处的哲学思考。他创建了一种新的伦理学——大地伦理学,第一次系统阐述了生态整体主义思想。他倡导的"土地伦理"对后来人们的生态环境思想和环境运动起到了启蒙作用。他通过对自然、土地和人类与土地的关系的思考,倡导一种开放的"土地道德",呼吁人们以谦恭和善良的姿态对待土地。他认为,人的伦理观念是按照三个层次来发展的。最初的伦理观念是处理人与人之间的关系,后来则扩展为处理个人和社会之间的关系。但是,"迄今还没有一种处理人与土地,以及人与在土地上生长的动物和植物之间的伦理观"①。绝大多数人还习惯从传统的角度来认识问题,认为土地只是一种财富,人和土地的关系是一种经济关系,还没有深入到伦理的层次。因此,必须改变人们关于土地的固有观念。

奥尔多·利奥波德提出了土地共同体的概念。他认为,土地不光是土壤,还包括水、植物和动物。在这个共同体内,每个成员都有继续存在下去的权利,以及至少是在某些方面,它们要继续存在于一种自然状态中的权利。简言之,土地伦理是要把人类在共同体中以征服者的面目出现的角色,变成这个共同体中的平等的一员和公民。它暗含着对每个成员的尊敬,也包括对这个共同体本身的尊敬。② 他提出,"事实上,人只是生

---

① 奥尔多·利奥波德.沙乡年鉴[M].侯文蕙,译.长春:吉林人民出版社,1997:192.
② 奥尔多·利奥波德.沙乡年鉴[M].侯文蕙,译.长春:吉林人民出版社,1997:194.

物队伍中的一员的事实,已由对历史的生态学认识所证实。很多历史事件,至今还都只从人类活动的角度去认识,而事实上,它们都是人类和土地之间相互作用的结果。土地的特性,有力地决定了生活在它上面的人的特性"①。而以往的并且还在进行中的教育,"除了那些受私利支配的义务以外,实际上是不提及对土地的义务的。结果则是,我们受到的教育越多,土壤就越少,完美的树林也越少"②,而同时,洪水则越多。"土地并不仅仅是土壤,它是能量流过一个由土壤、植物,以及动物所组成的环路的源泉。食物链是一个使能量向上层运动的活的通道,死亡和衰败则使它又回到土壤。这个环路不是封闭的,某些能量消散在衰败之中,某些能量靠从空中吸收而得到增补,某些则贮存在土壤、泥炭,以及年代久远的森林之中。"③利奥波德阐述了土地的生态功能,以此激发人们对土地的热爱和尊敬,强化人们维护这个共同体健全的道德责任感。他指出:"只有当人们在一个土壤、水、植物和动物都同为一员的共同体中,承担起一个公民角色的时候,保护主义才会成为可能;在这个共同体中,每个成员都相互依赖,每个成员都有资格占据阳光下的一个位置。"④奥尔多·利奥波德认为人与其他生物具有同样的价值,强调人与自然之间的相互联系、相互依赖,是"共生"思想的重大突破。

奥尔多·利奥波德进而提出了"土地健康"概念,认为"一种土地伦理反映着一种生态学意识的存在,而这一点反过来又反映了一种对土地健康负有个人责任的确认。健康是土地自我更新的能力,资源保护则是我们为了了解和保护这种能力的努力"⑤。他反复论证,得出结论,尖锐地指出:"我不能想象,在没有对土地的热爱、尊敬和赞美,以及高度认识它的价值的情况下,能有一种对土地的伦理关系。所谓价值,我的意思当然是

① 奥尔多·利奥波德.沙乡年鉴[M].侯文蕙,译.长春:吉林人民出版社,1997:195.
② 奥尔多·利奥波德.沙乡年鉴[M].侯文蕙,译.长春:吉林人民出版社,1997:198.
③ 奥尔多·利奥波德.沙乡年鉴[M].侯文蕙,译.长春:吉林人民出版社,1997:205.
④ 奥尔多·利奥波德.沙乡年鉴[M].侯文蕙,译.长春:吉林人民出版社,1997:216.
⑤ 奥尔多·利奥波德.沙乡年鉴[M].侯文蕙,译.长春:吉林人民出版社,1997:208.

远比经济价值高的某种含义,我指的是哲学意义上的价值。"①他提出,一定要运用那种使土地伦理的发展过程得以舒展进行的"杠杆",简而言之,就是要把合理的土地使用当成一个单独的经济问题来考虑。他进一步提出了生态整体主义的核心准则:"从什么是合乎伦理的,以及什么是伦理上的权利,同时什么是经济上的应付手段的角度,去检验每一个问题。当一个事物有助于保护生物共同体的和谐、稳定和美丽的时候,它就是正确的,当它走向反面时,就是错误的。"②这个准则的提出是人类思想史上石破天惊的大事,它标志着生态整体主义的正式确立,标志着人类的思想经过数千年以人类为中心的发展之后,终于超越了人类自身的局限,开始从生态整体的宏观视野来思考问题了。提出这一准则,是利奥波德对生态文明理论的最大贡献,他也因此成为生态整体主义真正的奠基人。

二、反对控制自然的思想

蕾切尔·卡逊是美国海洋生物学家。她创作的科普读物《寂静的春天》于1962年出版。该书详细描述了滥用剧毒农药DDT(滴滴涕)、除草剂(草甘膦)等杀虫剂导致环境污染、生态破坏,最终给人类带来不堪重负的灾难,阐述了环境污染对生态的影响,在社会上引发了强烈反响。她对公众和政府加强对于环境的关注和爱护的呼吁,最终导致美国国家环境保护局的建立和"世界地球日"的设立。由于对现代环境保护思想和观点的开创性贡献,她被誉为"现代环境保护运动之母"。

《寂静的春天》引发了全世界对生态环境问题的重视,尤其在美国,各州开始通过立法来限制杀虫剂的使用,世界各国的环保运动由此展开。克林顿主政时的副总统艾尔·戈尔评价说:"《寂静的春天》播下了新行动

---

① 奥尔多·利奥波德.沙乡年鉴[M].侯文蕙,译.长春:吉林人民出版社,1997:212.
② 奥尔多·利奥波德.沙乡年鉴[M].侯文蕙,译.长春:吉林人民出版社,1997:213.

主义的种子,并且已经深深植根于广大人民群众中。"蕾切尔·卡逊虽然逝世了,但"她的声音永远不会寂静。她惊醒的不但是我们国家,甚至是整个世界"。① 2016 年 1 月 18 日,习近平总书记在省部级主要领导干部学习贯彻党的十八届五中全会精神专题研讨班上也讲到了这本书:"美国作家蕾切尔·卡逊的《寂静的春天》一书对化学农药危害的状况作了详细描述"②。这本里程碑式的著作,为世界环境运动奠基,为人类环境意识的启蒙点燃了一盏明亮的灯。

《寂静的春天》以寓言的方式,向我们描绘了一个美丽村庄的突变,并从陆地到海洋,从海洋到天空全方位地揭示了化学农药的危害。这种危害,很可能将人类置于一个没有鸟、蜜蜂和蝴蝶的世界。它揭示了资本主义在工业化过程中,滥用农药、乱砍滥伐森林对自然环境的破坏和导致的生态危机。它提出人类要停止这种粗暴的对待自然界的方式,而以伦理关怀的方式来处理人与自然的关系,主张把伦理关怀的范围扩展到自然界。它警示人类,必须从自然观和道德观维度进行彻底反省,自觉提升生态系统平衡的自然主义诉求与公平正义持续的环境道德观念。

自然界是人类生存与发展的必要条件,如果受到破坏,人类也一定不能幸免。在这本书中,作者依次讲了化学农药对动物的毒害,对河流大海甚至地下水的污染,对土壤的永久性污染,对大地的绿色斗篷——植物的毒害。在人对环境的所有袭击中最令人震惊的是空气、土地、河流以及大海受到了危险的甚至致命物质的污染。③ 由于以 DDT 为代表的化学农药的广泛使用,"新情况产生的速度和变化之快已反映出人们激烈而轻率的步伐胜过了大自然的从容步态"④,这些被喷洒农药的生物经过进化有了抗药性,在喷洒药物后,害虫常常重新席卷这片地区并且数量比以前更

---

① 蕾切尔·卡逊.寂静的春天[M].吕瑞兰,李长生,译.长春:吉林人民出版社,1997:12.
② 习近平.论把握新发展阶段、贯彻新发展理念、构建新发展格局[M].北京:中央文献出版社,2021:88.
③ 蕾切尔·卡逊.寂静的春天[M].吕瑞兰,李长生,译.长春:吉林人民出版社,1997:4.
④ 蕾切尔·卡逊.寂静的春天[M].吕瑞兰,李长生,译.长春:吉林人民出版社,1997:5.

多，人们只好继续研究毒性更猛的药物。"我们已经看到它们现已污染了土壤、水和食物，它们具有使得河中无鱼、林中无鸟的能力。人是大自然的一部分，尽管他很不愿意承认这一点。现在这一污染已彻底地遍布于我们整个世界，难道人类能够逃脱污染吗？"①自然界是一个高度统一、复杂精密的有机整体，包括人类在内的一切生命都在其内在平衡调控范围之内，如若遮蔽这种内在动态平衡，其"所面临的状况好像一个正坐在悬崖边沿而又盲目蔑视重力定律的人一样危险"②。由于化学农药使用广泛，人们轻而易举就会接触到，并且幸存的动植物体内和水源中都含有有毒物质，最后这些都端上了人们的餐桌，经过一番周转，人们自食其果，遭到了自然界的"报复"和"惩罚"。

蕾切尔·卡逊以"杀虫剂"为切入点，全方位展示化学药品对水、土壤、大气、植被、动物、人的恶劣影响，说明在自然生物链中的爆发递增谱系中，"往往解决了一个明显的小问题，而随之产生了另一个疑难的大问题"③，由此得出"在自然界没有任何孤立存在的东西"④这个结论。她反对人类中心主义这种以人为中心，将人置于高于其他生物的思想，她认为正是这种传统的思想致使人类恣意妄为，完全不顾及对自然的破坏，最终引发严重的生态危机。"我们必须与其他生物共同分享我们的地球"⑤，坚持自然万物同人一样拥有一定的自主权，冲破人类普遍认为的只有人类才拥有权利的观念。"当人类向着他所宣告的征服大自然的目标前进时，他已写下了一部令人痛心的破坏大自然的记录，这种破坏不仅仅直接危害了人们所居住的大地，而且也危害了与人类共享大自然的其它生命。"⑥在她看来，人类试图用控制自然的心态获取自己的利益时，反而自食其果，甚至影响到了人类的未来。"'控制自然'这个词是一个妄自尊大的想

---

① 蕾切尔·卡逊.寂静的春天[M].吕瑞兰,李长生,译.长春:吉林人民出版社,1997:163.
② 蕾切尔·卡逊.寂静的春天[M].吕瑞兰,李长生,译.长春:吉林人民出版社,1997:215.
③ 蕾切尔·卡逊.寂静的春天[M].吕瑞兰,李长生,译.长春:吉林人民出版社,1997:42.
④ 蕾切尔·卡逊.寂静的春天[M].吕瑞兰,李长生,译.长春:吉林人民出版社,1997:44.
⑤ 蕾切尔·卡逊.寂静的春天[M].吕瑞兰,李长生,译.长春:吉林人民出版社,1997:262.
⑥ 蕾切尔·卡逊.寂静的春天[M].吕瑞兰,李长生,译.长春:吉林人民出版社,1997:73.

象产物,是当生物学和哲学还处于低级幼稚阶段时的产物,当时人们设想中的'控制自然'就是要大自然为人们的方便有利而存在。"①所以,人类只有摆脱以自我为中心的观点才不会导致灾难性的后果。这是人类对过去工业文明的反思与否定,特别是对过去人类"控制自然"思维的否定,也是呼唤生态文明的开始。

三、自然农法思想

日本自然学家和哲学家冈田茂吉于 1935 年首创自然农法。他认为,农民种庄稼要和自然协调一致,主张通过增加土壤有机质,不使用化肥和农药获得产量。自然农法强调充分利用自然系统机制和过程培育土壤,并最大限度地利用农业内部资源。他在 1931 年发表的《从一片朽叶领略自然轮回的法则》的诗歌,其核心观点"土地是物质,物质由土地产生又回归土地"就是自然农法的基本观点。其理论继承了中国老子、庄子和孟子的观点。"自然农法"这四个字更深层的含义是强调在农业生产中人、地、天是三个缺一不可的因素,不管按照什么方式从事农业生产,都必须遵循自然规律。日本自 20 世纪 30 年代起展开自然农法的试验研究,20 世纪 40 年代后自然农法以箱根、伊豆为据点,逐渐扩展到全国。1953 年日本成立了自然农法普及会,创办了《自然农法》刊物。

日本著名哲学家、农学家福冈正信提出人类要构建"与自然共生的农法"②,发展了自然农法。他以老子的无为思想、东洋的"混沌哲学"为基础,发展出"无为农业"的构想,其重要论著《自然农法——绿色哲学的理论与实践》是一部在日本乃至全世界都引起巨大震动的、具有划时代意义的著作。在日本短短几年中就再版了 14 次,并译成多国文本。论著从中

---

① 蕾切尔·卡逊.寂静的春天[M].吕瑞兰,李长生,译.长春:吉林人民出版社,1997:263.

② 福冈正信.自然农法——绿色哲学的理论与实践[M].黄细喜,顾克礼,译.哈尔滨:黑龙江人民出版社,1987:7.

国古代老庄的"无为"哲学思想出发,以顺应自然、顺应生命法则、建立清净优美的人类生活空间、保护人类生存与生活的大地为目标,系统地批判了近现代科学的弊端,阐述了归依自然的农业观、生命观、生活观,提出了人类新文明观并付诸实践。这被国外学者称赞为"前所未有的革命性主张","一部创造时代新文明、新社会的开拓性佳作"。福冈正信曾荣获国际 NGO The Earth Council 奖、印度的最高荣誉奖和被誉为"亚洲诺贝尔奖"的菲律宾的麦格塞塞奖(社会贡献奖)等奖项。他的成功实践为世界各地农民提供了一个切实可行的方法来保护农地安全并避免现代生产活动的有害后果。

福冈正信认为,现代农业之所以能够获得高产,主要是依靠多施化肥、多用农药、施以除草剂和勤于机械作业等技术。然而,施用化肥虽然可以增产,但会杀灭大量的土壤微生物,从而导致土壤退化;使用农药和除草剂虽然可以防治病虫害和消灭杂草,但也会间接破坏自然生态系统的平衡;使用机具翻耕土地虽然可以暂时达到疏土透气的效果,但从长远来看会破坏土壤团粒结构,不利于保水保肥。为了克服现代化学农业的缺陷和弊端,福冈正信主张回归传统和自然,其经验归结到一点就是"无"字,即无肥料、无耕作、无农药、无除草的"四无农法",也就是"不耕地、不施肥、不用农药、不除草"[①]的农法法则。

日本自然农法通过多年实践,摸索出一套以虫治虫、以草除草、以草改土、无毒节本的绿色农业耕作栽培方法。日本自然农法,一是主张不翻耕(自然免耕)。这是因为翻耕会破坏土壤的团粒结构,进而导致土壤肥力和热量的不平衡。自然农法认为植物的根能够自然松土而不破坏土壤的团粒结构,除了植物"生物犁"外,动物"生物犁"也能够疏松土壤,故提倡发挥蚯蚓的天然改土功效。二是主张通过覆盖秸秆代替施用化肥。化肥的大量施用会导致土壤板结,进而增加后期的中耕工作量。而覆盖秸

① 福冈正信.自然农法——绿色哲学的理论与实践[M].黄细喜,顾克礼,译.哈尔滨:黑龙江人民出版社,1987:38.

秆能够保持土壤湿润,促进热量条件的稳匀化,从而提高有机肥增产的潜力。三是主张不用农药,利用大自然相生相克的原理防治作物病虫害。如韭菜间作大白菜,可使大白菜免得根腐病;玉米间作大白菜,可减轻白菜软腐病;果树周围种植刺槐,可有效防治蚜虫和蚧壳虫。当然,主张不用农药的最主要目的还是保持生态平衡,不施农药的田块会自然形成天敌保护圈,上有蜻蜓、中有蜘蛛、下有青蛙,能控制害虫的蔓延。四是主张不除草。这是因为杂草能提高单位面积上的光合作用总量,增加土地有机质。因此只要杂草不与作物争肥争光照,即可不必除草。如杂草影响到作物生长,则主张利用植物之间相辅相克的自然规律"以草除草"。自然农法已经证实了种植三叶草、紫花苜蓿、紫云英等豆科植物能够有效排挤其他杂草,并能固氮增加土壤肥力。

目前,美国、巴西、阿根廷、秘鲁等国都设立了相关研究机构,广泛开展自然农法的研究与实践。21世纪以来,我国各地借鉴日本自然农法经验的具体事例有很多,如江苏省扬州市农业科学研究院对日本自然农法中免耕栽培和秸秆覆盖技术的借鉴与实践。从实施效果来看,自然农法起到了培肥地力、节本增收的重要作用。此外,在山东、浙江、江西、海南等省份也都相继建立起了自然农法示范基地,积极开展从稻田到果园的自然农法试验活动。相比日本,国内相关研究活动仍处于初级阶段,在未来较长一段时期内仍需向日本等发达国家学习、借鉴自然农法的先进经验,通过大量试验研究哪些技术需要经过本土化改造,而哪些措施可以直接引入并服务于我国当前的生态农业建设。①

总之,自然农法的目的是提高农作物品质的营养价值、食品安全和土地生产力。该理论表达了一种依循自然法则的农业生产方式,主张农业生产遵循自然规律、顺应自然,减少人为因素对农业的破坏,现代科技汇集的现代农法是人们事先创造了条件,使得现代农法似乎有价

① 叶磊,钱露露.日本自然农法的实施及其经验借鉴[J].安徽农业科学,2021(8):69-71,76.

值和效果,其实只会让人忙个不停,适得其反,劳而无功。这一思想批判了人类在农业生产中过多干预自然的行为,彰显了天地人和谐统一思想。[1] 更为重要的是,捍卫了人类生存和发展的生态环境,造福于人类,因此很值得借鉴。

① 苏百义.农业生态文明论[M].北京:中国农业科学技术出版社,2018:52.

第三章

农村生态文明建设的主要成就

新中国成立特别是改革开放以来,在现代化、工业化、城镇化进程中,虽然经济快速发展让我们付出了沉重的资源环境代价,但是由于我们党历来重视生态环境保护,在不同的历史时期,国家都采取了一系列切实可行的生态环境治理措施,使得我国农村生态文明建设取得了巨大成就。

第一节 农村生态环境保护政策持续完善

我国农村生态环境保护政策,主要由五部分内容构成:一是党的政策,包括党的全国代表大会、中央委员会全体会议形成的涉及农村环境保护问题的报告、决定和意见;二是法律法规,包括法律、行政法规、部门规章以及规范性文件;三是标准规范,包括国家标准、行业标准和标准类文件;四是规划计划,包括国家和行业类规划和计划;五是地方政策。[①] 我国农村生态环境保护政策是随着党和国家对农村生态环境治理工作的逐步重视和不断加强而一步一步发展起来的,大体经历了萌芽、起步、快速发展、全面提升等四个阶段。

一、农村生态环境保护政策的萌芽阶段（1949— 1977 年）

1949 年 9 月,在《中国人民政治协商会议共同纲领》中提出了兴修水

---

① 李宾.城乡二元视角的农村环境政策研究[M].北京:中国环境科学出版社,2012:97-101,107-124.

利、保护森林、有计划地发展林业等方针。新中国成立初期,社会主义工业化建设处于起步阶段,环境污染和生态破坏并不明显,农村生态环境保护政策以水土保持和农业资源保护为主。但是随着我国大规模工业化建设的开展,尤其是重工业的加快发展,环境问题日益严峻。"大跃进"时期,国家提出"大办钢铁"等政策,扰乱了国民经济秩序,对农村的森林资源、土地资源、矿产资源等造成了极大的破坏。1961年1月,为扭转"大跃进"带来的国民经济比例严重失调和困难局面,党和国家实行了"调整、巩固、充实、提高"的八字方针。1966年1月,国务院批转了《全国供销合作总社关于节约代用木、竹、麻、粮、油的几项办法的报告》,规定各地根据实际情况,因地制宜地节约木材、竹子、黄麻、粮食和食用油料。"文化大革命"期间,由于强调"以粮为纲"的生产模式,毁林、毁牧、开荒、围湖造田的现象层出不穷,导致农村环境质量和耕地质量不断下降,生态环境问题变得愈发严重。在此阶段,国家提出了植树造林、兴修水利、治理水患、节约资源等政策,出台了《中华人民共和国水土保持暂行纲要》(1957年)、《中共中央关于确定林权、保护山林和发展林业的若干政策规定(试行草案)》(1961年)、《森林保护条例》(1963年)、《矿产资源保护试行条例》(1965年)等文件,要求把政府部门和人民群众基层性的保林保矿工作有机结合起来。还组织建立了一批综合性自然保护区,开展了"绿色祖国、植树造林"的群众运动,在保护生态环境、防止水土流失方面发挥了重要作用。此外,我国早在1956年就明确了综合利用"工业废物"的方针,20世纪60年代提出了"变废为宝"的口号,70年代中央正式提出"三废"处理和回收利用,并在全国上下开展了工业资源综合利用、消除和改造"三废"的群众运动。1971年,国家计划委员会成立了"三废"利用领导小组,部分城市也陆续成立了"三废"治理办公室,负责督促、检查和管理本市的"三废"治理工作。同时,官厅水库污染等环境问题逐步显现,也使人们更加意识到环境保护的紧迫性。1971年6月,农林部农业生物研究所划归中国农林科学院领导,并决定在原有任务基础上,增加农业防公害、防原子研究任务。1972年6月,首次联合国人类环境会议在瑞典首都斯德哥尔摩召开,买永彬教授作为中国代表团农业方面的专家随同我国代表团出席了会议。

1973 年 8 月 5 日至 20 日,由国务院委托国家计委组织召开的第一次全国环境保护会议,揭开了中国环境保护事业的序幕,推动了农村生态环境保护工作的开展。会议通过了《关于保护和改善环境的若干规定》,提出 10 个要点的内容,包括:加强对土壤和植物的保护,对农业病虫害的防治要推广综合防治技术,减少化学农药污染;保护森林,保护草原,大力植树造林,绿化祖国;大力开展环境保护的科学研究工作和宣传教育等。会议确定了"全面规划、合理布局、综合利用、化害为利、依靠群众、大家动手、保护环境、造福人民"的"32 字方针",这是我国第一个关于环境保护的战略方针。会议审议通过了中国第一个具有法规性质的环境保护文件——《关于保护和改善环境的若干规定》,提出"三同时"等制度。1974 年成立国务院环境保护领导小组。1975 年 5 月,国务院环境保护领导小组印发《关于环境保护十年规划的意见》,进一步要求各地区、各部门把环境保护纳入长远规划和年度计划。1977 年 7 月,在湖南省株洲召开的第一次全国农业环境保护工作座谈会全面分析了农业环境保护工作的历史、现状和当时的主要任务;8 月,农林部转发《全国农业环境保护工作座谈会纪要》,提出要查清污染源,加强科学研究。

总的来看,1949—1977 年是我国环境保护事业的萌芽阶段,政府在环境保护方面做了初步的探索与尝试,初步建立了环境保护机构,制定了一些具有环保功能的政策,政策内容以森林、耕地、草原为主,但这些政策相对零散,内容更偏向一些原则性规定,主要治理对象是城市污染,而且注重末端治理,对于农村的环境问题缺乏重视,远不能满足农村生态环境保护的需要。

二、农村生态环境保护政策的起步阶段（1978—1998 年）

党的十一届三中全会通过了以经济建设为中心和实行改革开放的伟大决策,农村经济开始飞速发展,农村生态环境问题也越来越严重。城市化进程加速使得城市工业产生的"三废"及城市生活垃圾等以各种形式向农村转移。乡镇企业异军突起,使环境污染由城市向农村蔓延,加上农村面源污染和生态破坏,环境问题成了制约经济和社会发展的一大障碍。20 世纪 90 年代以来,随着经济快速增长和人民生活水平不断提高,人们对环境质量也提出了更高的要求,城乡环境的保护和治理成为热点话题。在此阶段,农业农村环境问题也开始集中显现,呈现出点源面源污染共存、生活生产污染叠加、乡镇污染与城市污染转移交织的局面。中国在这个时期的环境政策体系开始初步建立,法律法规、意见、规划、办法等体现党和政府政策的文件密集出台。例如,1979 年 9 月颁布的《中华人民共和国环境保护法(试行)》,是中国第一部关于保护环境和自然资源、防治污染和其他公害的综合性法律,对农村生态环境保护也做出了规定。1982 年 12 月 4 日,第五届全国人大第五次会议通过并颁布了《中华人民共和国宪法》。其中第九条规定:"国家保障自然资源的合理利用,保护珍贵的动物和植物。禁止任何组织或者个人用任何手段侵占或者破坏自然环境。"第二十六条规定:"国家保护和改善生活环境和生态环境,防治污染和其他公害。"这在国家根本大法的层面确定了环境保护的基本国策地位。此后,针对乡镇企业污染和城市污染转嫁问题,国务院于 1984 年 9 月发布的《关于加强乡镇、街道企业环境管理的规定》明确提出"坚决制止污染转嫁";1986 年 4 月全国人大通过的《中华人民共和国国民经济和社会发展第七个五年计划》再次指出:"坚决制止大城市向农村、大中型企业向小型企业转嫁污染","保护农村环境";1996 年颁布了《中华人民共和国乡镇企业法》,1997 年有关部门发布了《关于加强乡镇企业环境保护工作的规定》。针对农业环境和农村面源污染问题,1982—1986 年连续 5 个中央一号文件原则性地提出在农村改革形势下保护生态环境和自然资源(如表 3-1 所示),1997 年《中华人民共和国农药管理条例》对农药使用做出了管理规定。

表 3-1　1982—1986 年中央一号文件关于农村生态环境保护的表述

年份	文件名称	文件内容
1982	《全国农村工作会议纪要》	明确规定在建立和完善农业生产责任制的过程中,必须坚持土地的集体所有制,切实注意保护耕地和合理利用耕地。集体所有的耕地、园地、林地、草地、水面、滩涂以及荒地、荒山等的使用,必须服从集体的统一规划和安排,任何单位和个人一律不准私自占有
1983	《当前农村经济政策的若干问题》	指出森林过伐、耕地减少、人口膨胀,是我国农村的三大隐患。在大好形势下,我们对此必须头脑清醒,采取多方面的有力措施,认真对待。首先要坚决刹住乱砍、乱占的歪风,严格控制超计划生育。要合理安排适当的耕地种植经济作物,将不宜耕种的土地还林还牧还渔
1984	《关于一九八四年农村工作的通知》	建设集镇要做好规划,节约用地。鼓励种草种树,改良草场,实行农林牧相辅发展;鼓励发展水产养殖,保护天然资源,实行养殖捕捞并举。要多方开辟食物来源,改善生态环境。土地承包期一般延长到十五年以上,以鼓励农民增加投资,培养地力,实行集约经营;生产周期长的和开发性的项目,如果树、林木、荒山、荒地等,承包期应当更长一些
1985	《关于进一步活跃农村经济的十项政策》	进一步放宽山区、林区政策,规定山区二十五度以上的坡耕地要有计划有步骤地退耕还林还牧,以发挥地利优势。小城镇的建设一定要根据财力和物力的可能,通过试点,逐步开展,注意避免盲目性;防止工业污染。地区性合作经济组织,要积极办好机械、水利、植保、经营管理等服务项目,并注意采取措施保护生态环境

续表

年份	文件名称	文件内容
1986	《关于一九八六年农村工作的部署》	必须努力提高土地生产力。扭转近年忽视有机肥的倾向，增加土壤有机质。继续加强江河治理，改善农田水利，对已有工程进行维修、更新改造和配套。要有计划地改造中低产田。规定严格控制非农建设占用耕地的条例，小城镇规划、建设、管理条例，以及水土保持和农村环境保护的具体措施，报国务院批准实施

这期间，国务院召开了三次全国环境保护会议，对生态环境保护的形势和对策进行了研判和部署。

1983 年 12 月 31 日至 1984 年 1 月 7 日，国务院召开的第二次全国环境保护会议，将环境保护确立为基本国策，确定了"三同时""三统一"的环境保护制度，即"经济建设、城乡建设、环境建设，同步规划、同步实施、同步发展，实现经济效益、社会效益和环境效益相统一"。自此，我国的环境保护工作把"三同时""三统一"摆在首位。这一方针政策的确立，奠定了一条符合中国国情的环境保护道路的基础。会议提出，建立与健全环境保护的法律体系，加强环境保护的科学研究，把环境保护建立在法制轨道和科技进步的基础上。同时，会议推出了以合理开发利用自然资源为核心的生态保护策略，防止对土地、森林、草原、水、海洋以及生物资源等自然资源的破坏，保持生态平衡。

1989 年 4 月 28 日至 5 月 1 日，国务院召开的第三次全国环境保护会议，提出了环境保护三大政策和八项管理制度，即"预防为主、防治结合，谁污染、谁治理，强化环境管理"三大政策，以及"环境影响评价制度、'三同时''三统一'制度、排污收费制度、环境保护目标责任制度、城市环境综合整治定量考核制度、排污申报登记和排污许可证制度、限期治理制度、污染集中控制制度"八项管理制度。三大政策和八项制度的确立，标志着我国生态环境保护政策初步形成了一个完整的体系。

　　1996年7月15日至17日,国务院召开的第四次全国环境保护会议,提出保护环境是实施可持续发展战略的关键,保护环境就是保护生产力。国务院做出了《关于加强环境保护若干问题的决定》,明确了跨世纪环境保护工作的目标、任务和措施。会议提出,自然资源和生态保护要坚持开发利用与保护增殖并举,依法保护和合理开发土地、淡水、森林、草原、矿产和海洋资源,坚持不懈地开展造林绿化,加强水土保持工程建设;搞好防风治沙试验示范区、"三化"草地的治理和重点牧区建设。要大力建设农业系统各类保护区,积极防治农药和化肥污染,加快自然保护区建设和湿地保护,到"九五"末期,全国自然保护区面积力争达到国土面积的10%;加强生物多样性保护,做好珍稀濒危物种的保护和管理。积极开展生态示范区建设,搞好退化生态区域的恢复工作。

　　这一阶段,农村生态环境保护政策(如表3-2所示)具有明显的时代特征。党的十一届三中全会确定了以经济建设为中心的发展战略,鼓励农村重视粮食生产、发展乡镇企业,经济增长优先于生态环境保护。农村生态环境保护政策内容主要涵盖生态农业、乡镇企业污染治理、农村乡镇规划、人居环境改善等方面,但从总体看,政策的规范性和约束性不强,具有一定的分散性、试探性和开创性,缺少系统性。我国农村生态环境保护政策体系是在计划经济体制下逐步创建起来的,带有浓厚的计划经济色彩。因此,随着社会主义市场经济体制的确立,农村生态环境保护政策必须逐渐向适应社会主义市场经济体制转变,在政策制定上,强调经济发展与生态环境相协调的原则。政府职能也随之变化,不再是生态环境治理的单一主体,开始引入企业等市场主体。治理对象依旧以城市环境为重点,虽然涉及农村生态环境保护,但其工作总体处于概念化阶段,缺乏有效行动。从治理方式上看,末端与源头治理、宏观与微观典型治理、分散与集中治理的结合在这一阶段得到一定的体现。

表 3-2 农村生态环境保护政策起步阶段的相关文件(1978—1998 年)

年份	文件名称	发布部门	农村生态环境保护的相关内容
1978	《中共中央关于加快农业发展若干问题的决定(草案)》	中共中央	垦荒不准破坏森林、草原和水利设施,不准妨碍蓄洪泄洪。工矿企业要认真解决污染问题,防止对水源、大气等自然资源和农业的损害。要广泛推行科学施肥、科学用药,充分发挥化肥和农药的效能,认真研究防治化肥、农药对作物、水面、环境造成污染的有效方法,并且积极推广生物防治
1979	《中共中央关于加快农业发展若干问题的决定》	中共中央	要广泛推行科学施肥、科学用药,充分发挥化肥和农药的效能,认真研究防治化肥、农药对作物、水面,环境造成污染的有效办法,并且积极推广生物防治
1979	《中华人民共和国水产资源繁殖保护条例》	国务院	禁止向渔业水域排弃有害水产资源的污水、油类、油性混合物等污染物质和废弃物。因卫生防疫或驱除病虫害等,需要向渔业水域投注药物时,应当兼顾到水产资源的繁殖保护。农村浸麻应当集中在指定的水域中进行
1979	《中华人民共和国环境保护法(试行)》	全国人大常委会	合理使用土地,防止土壤侵蚀、板结、盐碱化、沙漠化和水土流失。大力植树造林,植树种草,实现大地园林化。积极发展高效、低毒、低残留农药
1981	《国务院关于在国民经济调整时期加强环境保护工作的决定》	国务院	做好农业自然资源调查和农业区划工作至关重要,必须严格遵循自然规律,充分利用调查和区划的成果,进行农业调整,促进生态系统的良性循环。开发利用自然资源,一定要按照自然界的客观规律办事,特别要制止住对水土资源和森林资源的破坏。工厂企业及其主管部门,必须按照"谁污染谁治理"的原则,切实负起治理污染的责任

年份	文件名称	发布部门	农村生态环境保护的相关内容
1982	《农药登记规定》	国家农业部、村业部、化工部、卫生部、商业部、国务院环境保护领导小组	在我国使用的农药应符合高效、安全、经济的原则。凡国内生产的农药新产品,投产前必须进行登记,未经批准登记的农药不得生产、销售和使用。外国厂商向我国销售农药必须进行登记,未经批准登记的产品不准进口
1982	《农药登记规定实施细则》	农牧渔业部	为科学评价农药应用效果,凡申请登记农药新品种、新剂型或增加施用作物均须向农牧渔业部农药检定所提供必要的药效试验资料
1982	《农药安全使用规定》	农牧渔业部、卫生部	高残留农药:六六六、滴滴涕、氯丹,不准在果树、蔬菜、茶树、中药材、烟草咖啡、胡椒、香茅等作物上使用。氯丹只准用于拌种,防治地下害虫
1982	《水土保持工作条例》	国务院	二十五度以上的陡坡地,禁止开荒种植农作物。严禁毁林开荒、烧山开荒和在牧坡牧场开荒
1984	《关于环境保护工作的决定》	国务院	要求各地方人民政府成立相应的环保机构。要认真保护农业生态环境。各级环境保护部门要会同有关部门积极推广生态农业,防止农业环境的污染和破坏
1984	《国务院关于加强乡镇、街道企业环境管理的规定》	国务院	坚决制止污染转嫁。任何部门、单位和个人,都不准生产和经营剧毒农药,如多氯联苯、六六六、滴滴涕等。严禁将有毒、有害的产品委托或转移给没有污染防治能力的乡镇、街道企业生产

续表

年份	文件名称	发布部门	农村生态环境保护的相关内容
1986	《中华人民共和国渔业法》	全国人大常委会	禁止围湖造田。沿海滩涂未经县级以上人民政府批准,不得围垦;重要的苗种基地和养殖场所不得围垦。各级人民政府应当采取措施,保护和改善渔业水域的生态环境,防治污染
1986	《中华人民共和国国民经济和社会发展第七个五年计划(1986—1990年)》	全国人大常委会	坚决制止大城市向农村、大中型企业向小型企业转嫁污染。保护农村环境;改善生态环境。努力搞好农村能源的合理使用和节约。积极推广省柴、节煤炉灶,稳步发展农户用沼气池,大力营造薪炭林。在资源条件比较好的地区,多发展一些小水电,并积极搞好太阳能、风能、地热等新能源的开发利用
1990	《国务院关于进一步加强环境保护工作的决定》	国务院	农业部门必须加强对农业环境的保护和管理,控制农药、化肥、农膜对环境的污染,推广植物病虫害的综合防治
1993	《村庄和集镇规划建设管理条例》	国务院	农村居民住宅设计应当符合紧凑、合理、卫生和安全的要求。任何单位和个人都应当维护村容镇貌和环境卫生,妥善处理粪堆、垃圾堆、柴草堆,养护树木花草,美化环境
1995	《中华人民共和国固体废物污染环境防治法》	全国人大常委会	使用农用薄膜的单位和个人,应当采取回收利用等措施,防止或者减少农用薄膜对环境的污染
1996	《国务院关于环境保护若干问题的决定》	国务院	要重点保护好与人民生活密切相关的饮用水源。加强对乡镇企业环境管理,因地制宜地发展少污染和无污染的产业。要发展生态农业,控制农药、化肥、农膜等对农田和水源的污染

年份	文件名称	发布部门	农村生态环境保护的相关内容
1996	《中华人民共和国乡镇企业法》	全国人大常委会	乡镇企业的建设用地,应当严格控制、合理利用和节约使用土地。积极发展无污染、少污染和低资源消耗的企业,切实防治环境污染和生态破坏,保护和改善环境
1997	《关于加强乡镇企业环境保护工作的规定》	国家环境保护局、农业部、国家计划委员会、国家经济贸易委员会	乡镇企业必须保护耕地和生态环境,特别要加强对生活饮用水源和灌溉、养殖等水域的保护;造成生态环境严重破坏的,要限期进行治理和恢复,未完成治理任务的要坚决停产或关闭
1997	《关于加强生态保护工作的意见》	国家环境保护局	建设生态示范区,促进生态保护,防治农村面源污染。加大监督力度,保护农村环境。西部地区应进一步加强自然资源开发的环境监督;东部地区应加大农村生态建设与保护的力度,推进生态村、乡(镇)的建设
1998	《中共中央关于农业和农村工作若干重大问题的决定》	中共中央	要坚持不懈地搞好农田水利基本建设。实行兴利除害结合,开源节流并重,防洪抗旱并举。禁止毁林毁草开荒和围湖造田。控制工业、生活及农业不合理使用化肥农药农膜对土地和水资源造成的污染
1998	《中华人民共和国基本农田保护条例》	国务院	禁止任何单位和个人在基本农田保护区内建窑、建房、建坟、挖砂、采石、采矿、取土、堆放固体废弃物或者进行其他破坏基本农田活动。禁止任何单位和个人闲置、荒芜基本农田。国家提倡和鼓励保持和培肥地力,施用有机肥料,合理施用化肥和农药

三、农村生态环境保护政策的快速发展阶段（1999—2012 年）

从 1978 年到 1998 年的改革开放 20 年,我国农业农村资源过度利用,农业农村生态环境恶化,农业农村生态环境保护政策没有达到预期效果。《1999 中国环境状况公报》指出,"农村环境质量有所下降,生态恶化加剧趋势尚未得到有效遏制,部分地区生态破坏的程度还在加剧"。1999 年 11 月,《国家环境保护总局关于加强农村生态环境保护工作的若干意见》发布实施。这是我国第一个直接针对农村生态环境保护的政策文件,标志着我国农村生态文明建设进入快速发展时期。

2001 年公布的《国家环境保护"十五"计划》指出,"农村环境问题日渐突出,已有 1.5 亿亩农田遭受不同程度污染,畜禽粪便、水产养殖和不合理使用农药、化肥污染加重,农产品质量安全不容忽视。乡镇企业污染较为普遍,小城镇环保基础设施缺乏,农村饮用水受到不同程度的污染"。这一政策文件直接证明前一段时期农业农村生态环境政策效果不尽如人意,政策亟待调整和创新。

2002 年 1 月 8 日,国务院召开第五次全国环境保护会议,提出环境保护是政府的一项重要职能,要按照社会主义市场经济的要求,动员全社会的力量做好这项工作。国务院总理朱镕基在会上指出,保护环境是我国的一项基本国策,是可持续发展战略的重要内容,直接关系现代化建设的成败和中华民族的复兴。"十五"期间,环境保护既是经济结构调整的重要方面,又是扩大内需的投资重点之一。要明确重点任务,加大工作力度,有效控制污染物排放总量,大力推进重点地区的环境综合整治。凡是新建和技改项目,都要坚持环境影响评价制度,不折不扣地执行国务院关于建设项目必须实行环境保护、污染治理、设施与主体工程"三同时"的规定。要注意保护好城市和农村的饮用水源。要切实搞好生态环境保护和建设,特别是加强以京津风沙源和水源为重点的治理和保护,建设环京津生态圈。要抓住当前有利时机,进一步扩大退耕还林规模,推进休牧还草,加快宜林荒山荒地造林步伐。

2003 年到 2012 年,我国经济发展进入了工业反哺农业阶段,我国农业农村也进入新的发展阶段,主要特征是"以工补农、以城带乡",努力实现工业与农业、城市与农村的协调发展。2003 年,党的十六届三中全会提出科学发展观,强调"全面、协调、可持续的发展观"。2004 年,中央再次出台有关"三农"问题的一号文件——《中共中央国务院关于促进农民增加收入若干政策的意见》。这是继 1986 年之后第一个中央一号文件。此后,中央一号文件连年聚焦的都是"三农"问题,其中农村生态环境保护的政策内容历年都有强调(如表 3-3 所示)。

表 3-3   2004—2012 年中央一号文件关于农村生态环境保护的表述

年份	文件名称	文件内容
2004	《中共中央国务院关于促进农民增加收入若干政策的意见》	对节水灌溉、人畜饮水、乡村道路、农村沼气、农村水电、草场围栏等"六小工程",要进一步增加投资规模,充实建设内容,扩大建设范围。各地要从实际出发,因地制宜地开展雨水集蓄、河渠整治、牧区水利、小流域治理、改水改厕和秸秆气化等各种小型设施建设。继续搞好生态建设,对天然林保护、退耕还林还草和湿地保护等生态工程,要统筹安排,因地制宜,巩固成果,注重实效
2005	《中共中央国务院关于进一步加强农村工作提高农业综合生产能力若干政策的意见》	严格保护耕地。严禁占用基本农田挖塘养鱼、种树造林或进行其他破坏耕作层的活动。努力培肥地力。推广测土配方施肥,推行有机肥综合利用与无害化处理,引导农民多施农家肥,增加土壤有机质。坚持不懈搞好生态重点工程建设。要继续增加农村"六小工程"的投资规模,扩大建设范围,提高工程质量

续表

年份	文件名称	文件内容
2006	《中共中央国务院关于推进社会主义新农村建设的若干意见》	加快发展循环农业。要大力开发节约资源和保护环境的农业技术,重点推广废弃物综合利用技术、相关产业链接技术和可再生能源开发利用技术。积极发展节地、节水、节肥、节药、节种的节约型农业,鼓励生产和使用节电、节油农业机械和农产品加工设备,努力提高农业投入品的利用效率。加大力度防治农业面源污染。引导和帮助农民切实解决住宅与畜禽圈舍混杂问题,搞好农村污水、垃圾治理,改善农村环境卫生
2007	《中共中央国务院关于积极发展现代农业扎实推进社会主义新农村建设的若干意见》	要把加强农田水利设施建设作为现代农业建设的一件大事来抓。切实提高耕地质量。合理引导农村节约集约用地,切实防止破坏耕作层的农业生产行为。加快发展农村清洁能源。加快实施乡村清洁工程,推进人畜粪便、农作物秸秆、生活垃圾和污水的综合治理和转化利用。鼓励发展循环农业、生态农业,有条件的地方可加快发展有机农业。加强农村环境保护,减少农业面源污染,搞好江河湖海的水污染治理
2008	《中共中央国务院关于切实加强农业基础建设进一步促进农业发展农民增收的若干意见》	大力发展节水灌溉。搞好节水灌溉示范,引导农民积极采用节水设备和技术。加快沃土工程实施步伐,扩大测土配方施肥规模。支持农民秸秆还田、种植绿肥、增施有机肥。继续加强生态建设。深入实施天然林保护、退耕还林等重点生态工程。加强农村节能减排工作,鼓励发展循环农业,加大农业面源污染防治力度
2009	《中共中央国务院关于2009年促进农业稳定发展农民持续增收的若干意见》	继续推进"沃土工程",扩大测土配方施肥实施范围。开展鼓励农民增施有机肥、种植绿肥、秸秆还田奖补试点。大力开展保护性耕作,加快实施旱作农业示范工程。安排专门资金,实行以奖促治,支持农业农村污染治理。实行最严格的耕地保护制度和最严格的节约用地制度

续表

年份	文件名称	文件内容
2010	《中共中央国务院关于加大统筹城乡发展力度进一步夯实农业农村发展基础的若干意见》	加快农产品质量安全监管体系和检验检测体系建设,积极发展无公害农产品、绿色食品、有机农产品。大力发展高效节水灌溉,支持山丘区建设雨水集蓄等小微型水利设施。扩大测土配方施肥、土壤有机质提升补贴规模和范围。切实加强草原生态保护建设,加大退牧还草工程实施力度,延长实施年限,适当提高补贴标准。实行以奖促治政策,稳步推进农村环境综合整治,开展农村排水、河道疏浚等试点,搞好垃圾、污水处理,改善农村人居环境
2011	《中共中央国务院关于加快水利改革发展的决定》	大力发展节水灌溉,推广渠道防渗、管道输水、喷灌滴灌等技术,扩大节水、抗旱设备补贴范围。积极发展旱作农业,采用地膜覆盖、深松深耕、保护性耕作等技术。搞好水土保持和水生态保护。实施国家水土保持重点工程,采取小流域综合治理、淤地坝建设、坡耕地整治、造林绿化、生态修复等措施,有效防治水土流失。严格地下水管理和保护,尽快核定并公布禁采和限采范围,逐步削减地下水超采量,实现采补平衡
2012	《中共中央国务院关于加快推进农业科技创新持续增强农产品供给保障能力的若干意见》	大力推广高效安全肥料、低毒低残留农药,严格规范使用食品和饲料添加剂。探索完善森林、草原、水土保持等生态补偿制度。把农村环境整治作为环保工作的重点,完善以奖促治政策,逐步推行城乡同治。推进农业清洁生产,引导农民合理使用化肥农药,加强农村沼气工程和小水电代燃料生态保护工程建设,加快农业面源污染治理和农村污水、垃圾处理,改善农村人居环境

2004 年,《环境保护行政许可听证暂行办法》出台,标志着我国正式进入全民环保的新阶段。2005 年 12 月,《国务院关于落实科学发展观加强环境保护的决定》提出,全面落实科学发展观,必须把环境保护摆在更加重要的战略位置。

2006 年 4 月 17 日至 18 日,国务院召开第六次全国环境保护大会,国务院总理温家宝发表重要讲话。他强调,保护环境关系到我国现代化建设的全局和长远发展,是造福当代、惠及子孙的事业。我们一定要充分认识我国环境形势的严峻性和复杂性,充分认识加强环境保护工作的重要性和紧迫性,把环境保护摆在更加重要的战略位置,以对国家、对民族、对子孙后代高度负责的精神,切实做好环境保护工作,推动经济社会全面协调可持续发展。会议提出了"三个转变",一是从重经济增长轻环境保护转变为保护环境与经济增长并重,把加强环境保护作为调整经济结构、转变经济增长方式的重要手段,在保护环境中求发展。二是从环境保护滞后于经济发展转变为环境保护与经济发展同步,做到不欠新账、多还旧账,改变先污染后治理、边治理边破坏的状况。三是从主要用行政办法保护环境转变为综合运用法律、经济、技术和必要的行政办法解决环境问题,自觉遵循经济规律和自然规律,提高环境保护工作水平。[①]

为落实第六次全国环境保护会议精神,2006 年 10 月,国家环境保护总局正式发布《国家农村小康环保行动计划》,提出了"十一五"期间农业农村环境保护的新目标,以有效控制农村环境污染,改善农村生产与生活环境,切实解决农村"脏、乱、差"的问题。

2007 年,国家环境保护总局发布《关于开展生态补偿试点工作的指导意见》,要求落实"以奖促治",加快用财政手段解决农村环境问题的新方向。2007 年 10 月召开的党的十七大,首次将生态文明建设提升为国家意志。随后,生态环境制度的相关法律法规进行了新一轮的密集修订,各地区也相继推出了专门针对农村生态环境保护的政策支持。2008 年 7 月,国务院召开了新中国成立以来第一次全国农村环境保护电视电话工作会议,提出了"以奖促治、以奖代补"等重要政策措施,中央财政首次设立农村环保专项资金 10 亿元,推进农村环境综合整治。2009 年 3 月,环境保

---

① 第六次全国环境保护大会(2006 年 4 月 17 日至 18 日)[EB/OL]. [2011-12-21]. http://www. mee. gov. cn/home/ztbd/gzhy/hbdh/diqicihbdh/ljhbdh/201112/t20111221_221584. shtml.

护部又召开了全国自然生态和农村环境保护工作会议,总结了环境工作进展,分析了存在的问题和面临的严峻形势并对当年的农村环境保护工作做出了具体的部署。2010 年 6 月,全国自然生态和农村环境保护工作视频会议肯定了关于农村环境保护中以奖促治的工作思路,安排部署"十二五"全国自然生态与农村环境保护工作。2011 年 11 月 10 日至 11 日,环境保护部在重庆召开了全国农村环境连片整治工作现场会,要求深入推进农村环境综合整治,梳理了农村环境的新机遇和新要求。

　　2011 年 12 月 20 日至 21 日,国务院召开第七次全国环境保护大会,国务院副总理李克强在会上发表重要讲话。他强调,环境是重要的发展资源,良好环境本身就是稀缺资源,坚持在发展中保护、在保护中发展,把环境保护作为稳增长转方式的重要抓手,把解决损害群众健康的突出环境问题作为重中之重,把改革创新贯穿于环境保护的各领域各环节,积极探索代价小、效益好、排放低、可持续的环境保护新道路,实现经济效益、社会效益、资源环境效益的多赢,促进经济长期平稳较快发展与社会和谐进步。基本的环境质量是一种公共产品,是政府必须确保的公共服务。要按照人民群众的迫切愿望,切实解决影响科学发展和损害群众健康的突出环境问题。一是坚持努力不欠新账、多还旧账,加大水、空气、土壤等污染治理力度;二是坚持城乡统筹、梯次推进、加强面源污染防治和农村环境整治;三是坚持预防为先、及时应对,着力消除污染隐患,妥善处理突发事件。[①]

　　总的来看,这一阶段农村生态环境保护政策是以生态补偿和农村人居环境整治为主的快速发展时期(如表 3-4 所示),政策内容的一个显著特征是加大了对农村生态环境保护的公共财政投入力度。

---

① 第七次全国环境保护大会(2011 年 12 月 20 日至 21 日))[EB/OL].[2018-07-13]. http://www.mee.gov.cn/zjhb/lsj/lsj_zyhy/201807/t20180713_446643_wap.shtml.

表 3-4　农村生态环境保护政策快速发展阶段的相关文件（1999—2012 年）

年份	文件名称	发布部门	农村生态环境保护的相关内容
1999	《国家环境保护总局关于加强农村生态环境保护工作的若干意见》	国家环境保护总局	对秸秆焚烧，畜禽养殖，农药，化肥，农膜等农用化学品污染，乡镇企业污染防治，村镇、乡镇和城镇环境综合整治，以及自然保护区的建设与管理、自然资源开发的生态环境保护监督管理等主要工作提出了要求，并特别强调要加强生态示范区建设
1999	《秸秆禁烧和综合利用管理办法》	国家环境保护总局、农业部、财政部、铁道部、交通部、国家民航总局	禁烧区以乡、镇为单位落实秸秆禁烧工作。各地应大力推广机械化秸秆还田、秸秆饲料开发、秸秆气化、秸秆微生物高温快速沤肥和秸秆工业原料开发等多种形式的综合利用成果
2000	《中华人民共和国水污染防治法实施细则》	国务院	利用工业废水和城市污水进行灌溉的，县级以上地方人民政府农业行政主管部门应当组织对用于灌溉的水质及灌溉后的土壤、农产品进行定期监测。禁止在生活饮用水地下水源保护区内从事污水灌溉、含有毒污染物的污泥作肥料、使用剧毒和高残留农药等活动
2000	《全国生态环境保护纲要》	国务院	切实加强对水、土地、森林、草原、海洋、矿产等重要自然资源的环境管理，严格资源开发利用中的生态环境保护工作。加大生态示范区和生态农业县建设力度

续表

年份	文件名称	发布部门	农村生态环境保护的相关内容
2001	《中华人民共和国国民经济和社会发展第十个五年计划纲要》	全国人大常委会	加大农业节水力度,减少灌溉用水损失。积极开展农村环境保护工作,防治不合理使用化肥、农药、农膜和超标污灌带来的化学污染及其他面源污染,保护农村饮用水水源。开展全民环保教育,提高全民环保意识,推行绿色消费方式
2001	《国家环境保护"十五"计划》	国家环境保护总局	对"十五"期间农业农村环境保护工作提出了新的目标,具体提出了农田灌溉水质、农村饮用水水质、全国秸秆综合利用率、规模化畜禽养殖场污水排放达标率等农村环保指标
2001	《畜禽养殖污染防治管理办法》	国家环境保护总局	畜禽养殖场应当保持环境整洁,采取清污分流和粪尿的干湿分离等措施,实现清洁养殖。畜禽养殖场应采取将畜禽废渣还田、生产沼气、制造有机肥料、制造再生饲料等方法进行综合利用。用于直接还田利用的畜禽粪便,应当经处理达到规定的无害化标准,防止病菌传播。禁止向水体倾倒畜禽废渣
2002	《全国生态环境保护"十五"计划》	国家环境保护总局	"十五"期间,要努力使农村生产和生活环境有所改善,种植和养殖业废物排放得到基本控制,资源化率有所提高。农用化学品环境安全管理得到加强,重点区域的农药、化肥等面源污染加重的趋势得到减缓
2002	《中华人民共和国清洁生产促进法》	全国人大常委会	农业生产者应当科学地使用化肥、农药、农用薄膜和饲料添加剂,改进种植和养殖技术,实现农产品的优质、无害和农业生产废物的资源化,防止农业环境污染。禁止将有毒、有害废物用作肥料或者用于造田

续表

年份	文件名称	发布部门	农村生态环境保护的相关内容
2002	《中华人民共和国草原法》	全国人大常委会	1985年公布,2002年修订。第四十六条规定,禁止开垦草原。对水土流失严重、有沙化趋势、需要改善生态环境的已垦草原,应当有计划、有步骤地退耕还草;已造成沙化、盐碱化、石漠化的,应当限期治理。
2005	《国务院关于落实科学发展观加强环境保护的决定》	国务院	切实加强饮用水水源保护,解决好农村饮水安全问题。以防治土壤污染为重点,加强农村环境保护。解决农村环境"脏、乱、差"问题,创建环境优美乡镇、文明生态村
2005	《中共中央国务院关于推进社会主义新农村建设的若干意见》	中共中央、国务院	加快发展循环农业。大力开发节约资源和保护环境的农业技术。积极发展节地、节水、节肥、节药、节种的节约型农业,鼓励生产和使用节电、节油农业机械和农产品加工设备。加大力度防治农业面源污染。大力加强农田水利、耕地质量和生态建设。加强村庄规划和人居环境治理
2006	《中华人民共和国国民经济和社会发展第十一个五年规划纲要(2006—2010)》	全国人大常委会	改革传统耕作方式,推行农业标准化,发展节约型农业。开展全国土壤污染现状调查,综合治理土壤污染。防治农药、化肥和农膜等面源污染,加强规模化养殖场污染治理
2006	《国家农村小康环保行动计划》	国家环境保护总局	要指导农民合理使用农药、化肥、农膜等农用化学品,积极发展生态农业,搞好作物秸秆、畜禽养殖废弃物的资源化利用,妥善处理村镇生活垃圾和污水,综合防治农村面源污染

年份	文件名称	发布部门	农村生态环境保护的相关内容
2006	《中华人民共和国农产品质量安全法》	全国人大常委会	农产品生产者应当合理使用化肥、农药、兽药、农用薄膜等化工产品,防止对农产品产地造成污染。国家引导、推广农产品标准化生产,鼓励和支持生产优质农产品,禁止生产、销售不符合国家规定的农产品质量安全标准的农产品
2007	《关于加强农村环境保护工作的意见》	国务院办公厅	以保护和恢复生态系统功能为重点,营造人与自然和谐的农村生态环境。坚持生态保护与治理并重,加强对矿产、水力、旅游等资源开发活动的监管,努力遏制新的人为生态破坏。重视自然恢复,保护天然植被,加强村庄绿化、庭院绿化、通道绿化、农田防护林建设和林业重点工程建设
2007	《全国农村环境污染防治规划纲要(2007—2020年)》	国家环境保护总局	以科技创新推动农村污染防治工作,在充分整合和利用现有科技资源的基础上,尽快建立以农村饮用水水源地污染防治、村镇生活污水和垃圾处理、农业废弃物综合利用、农村面源污染控制等为主体的农村环保科技支撑体系。大力研究、开发和推广低成本、操作简便、高效的农村环保适用技术
2007	《农业生物质能产业发展规划(2007—2015)》	农业部	发展农业生物质能产业,首先要充分利用农作物秸秆和畜禽粪便等农业废弃物,加快农村沼气建设步伐,积极发展秸秆气化、固化燃料。其次是适度发展甜高粱、木薯等能源作物,走中国特色的农业生物质能产业发展道路

年份	文件名称	发布部门	农村生态环境保护的相关内容
2007	《国家环境保护总局关于开展生态补偿试点工作的指导意见》	国家环境保护总局	谁开发、谁保护,谁破坏、谁恢复,谁受益、谁补偿,谁污染、谁付费。要明确生态补偿责任主体,确定生态补偿的对象、范围
2009	《环境保护部及部门关于实行"以奖促治"加快解决突出的农村环境问题的实施方案》	国务院办公厅	"以奖促治"政策重点支持农村饮用水水源地保护、生活污水和垃圾处理、畜禽养殖污染和历史遗留的农村工矿污染治理、农业面源污染和土壤污染防治等与村庄环境质量改善密切相关的整治措施
2009	《全国农村环境监测工作指导意见》	环境保护部办公厅	农村周边工矿企业污染是影响农村环境的重要因素,有针对性地加强对工矿企业的污染监测是农村环境监测的关键环节。要建立农村工矿排污及其影响的环境监测档案,做到早监测、早预警、早治理
2010	《关于深化"以奖促治"工作促进农村生态文明建设的指导意见》	环境保护部	充分认识深化"以奖促治"工作的重大意义;全面把握深化"以奖促治"的总体要求;着力抓好深化"以奖促治"的关键环节;建立健全深化"以奖促治"的体制机制;进一步强化"以奖促治"的保障措施
2010	《农药使用环境安全技术导则》	环境保护部	遵循"预防为主、综合防治"的环保方针,不宜使用剧毒农药、持久性类农药,减少食用高毒农药、长残留农药,使用安全、高效、环保的农药,鼓励推行生物防治技术。保护有益生物和珍稀物种,维持生态系统的平衡

年份	文件名称	发布部门	农村生态环境保护的相关内容
2010	《农村生活污染控制技术规范》	环境保护部	依据减量化、资源化、无害化的原则,生活垃圾应实现分类收集,并且分类收集应该与处理方式相结合。农村生活垃圾宜采用分为农业果蔬、厨余和粪便等有机垃圾和剩余以无机垃圾为主的简单分类的方式收集。有机垃圾进入户用沼气池或堆肥利用,剩余无机垃圾填埋或进入周边城镇垃圾处理系统
2010	《中华人民共和国水土保持法》	全国人大常委会	1991年发布,2010年修订。第二十条规定:禁止在二十五度以上陡坡地开垦种植农作物。在二十五度以上陡坡地种植经济林的,应当科学选择树种,合理确定规模,采取水土保持措施,防止造成水土流失
2011	《关于加强环境保护重点工作的意见》	国务院	实行农村环境综合整治目标责任制。深化"以奖促治"和"以奖代补"政策,扩大连片整治范围,集中整治存在突出环境问题的村庄和集镇,重点治理农村土壤和饮用水水源地污染
2012	《全国农村环境综合整治"十二五"规划》	环境保护部、财政部	"十二五"期间,农村环境综合整治主要任务包括农村饮用水水源地保护、农村生活污水和垃圾处理、畜禽养殖污染防治、历史遗留的农村工矿污染治理、农业面源污染防治和农村生态示范建设

续表

年份	文件名称	发布部门	农村生态环境保护的相关内容
2012	《中华人民共和国农业法》	全国人大常委会	1993 年公布,2002 年第一次修订,2009 年修正,2012 年第二次修正。第五十七条规定:发展农业和农村经济必须合理利用和保护土地、水、森林、草原、野生动植物等自然资源,合理开发和利用水能、沼气、太阳能、风能等可再生能源和清洁能源,发展生态农业,保护和改善生态环境

四、农村生态环境保护政策的全面提升阶段（2013—2021 年）

党的十八大把生态文明建设纳入"五位一体"的总体布局,把生态环境保护上升到新的战略高度。2015 年国务院公布的《关于加快推进生态文明建设的意见》中首次提出了绿色化概念,并将其定性为政治任务;党的十八届五中全会又提出"创新、协调、绿色、开放、共享"的新理念,开拓了当代中国马克思主义政治经济学研究的新境界。农村的人居环境问题逐步得到重视。2013 年 10 月,习近平总书记对改善农村人居环境做出了重要批示,随后相继在浙江省桐庐县、广西恭城、贵州遵义召开了三次全国改善农村人居环境工作会议,强调要加快推进农村人居环境整治、建设美丽宜居乡村,把农村环境治理与脱贫共建、发展特色产业相结合。从 2013 年之后的中央一号文件也可以观察到这一政策的实施(如表 3-5 所示)。2017 年党的十九大报告将建设生态文明提升为"千年大计",并将"美丽"纳入国家现代化目标之中,使生态文明建设能够得到持续重视。

表3-5 2013—2021年中央一号文件关于农村生态环境保护的表述

年份	文件名称	文件内容
2013	《中共中央国务院关于加快发展现代农业进一步增强农村发展活力的若干意见》	推进农村生态文明建设。加强农村生态建设、环境保护和综合整治,努力建设美丽乡村。加大三北防护林、天然林保护等重大生态修复工程实施力度,推进荒漠化、石漠化、水土流失综合治理。搞好农村垃圾、污水处理和土壤环境治理,实施乡村清洁工程,加快农村河道、水环境综合整治。发展乡村旅游和休闲农业。创建生态文明示范县和示范村镇。开展宜居村镇建设综合技术集成示范
2014	《中共中央国务院关于全面深化农村改革加快推进农业现代化的若干意见》	建立农业可持续发展长效机制。促进生态友好型农业发展。落实最严格的耕地保护制度、节约集约用地制度、水资源管理制度、环境保护制度,强化监督考核和激励约束。开展农业资源休养生息试点。抓紧编制农业环境突出问题治理总体规划和农业可持续发展规划。启动重金属污染耕地修复试点。加大生态保护建设力度。抓紧划定生态保护红线
2015	《中共中央国务院关于加大改革创新力度加快农业现代化建设的若干意见》	加强农业生态治理。实施农业环境突出问题治理总体规划和农业可持续发展规划。加强农业面源污染治理,深入开展测土配方施肥,大力推广生物有机肥、低毒低残留农药,开展秸秆、畜禽粪便资源化利用和农田残膜回收区域性示范,按规定享受相关财税政策。建立健全农业生态环境保护责任制,加强问责监管,依法依规严肃查处各种破坏生态环境的行为
2016	《中共中央国务院关于落实发展新理念加快农业现代化实现全面小康目标的若干意见》	推动农业可持续发展,必须确立发展绿色农业就是保护生态的观念,加快形成资源利用高效、生态系统稳定、产地环境良好、产品质量安全的农业发展新格局。加强农业资源保护和高效利用。加快农业环境突出问题治理。加强农业生态保护和修复。实施食品安全战略。开展农村人居环境整治行动和美丽宜居乡村建设。鼓励各地因地制宜探索各具特色的美丽宜居乡村建设模式

续表

年份	文件名称	文件内容
2017	《中共中央国务院关于深入推进农业供给侧结构性改革加快培育农业农村发展新动能的若干意见》	推行绿色生产方式,增强农业可持续发展能力。推进农业清洁生产。深入推进化肥农药零增长行动,开展有机肥替代化肥试点,促进农业节本增效。大规模实施农业节水工程。把农业节水作为方向性、战略性大事来抓,加快完善国家支持农业节水政策体系。集中治理农业环境突出问题。实施耕地、草原、河湖休养生息规划。推进山水林田湖整体保护、系统修复、综合治理,加快构建国家生态安全屏障
2018	《中共中央国务院关于实施乡村振兴战略的意见》	乡村振兴,生态宜居是关键。良好生态环境是农村最大优势和宝贵财富。必须尊重自然、顺应自然、保护自然,推动乡村自然资本加快增值,实现百姓富、生态美的统一。统筹山水林田湖草系统治理。加强农村突出环境问题综合治理。建立市场化多元化生态补偿机制。增加农业生态产品和服务供给。持续改善农村人居环境。坚持不懈推进农村"厕所革命",持续推进宜居宜业的美丽乡村建设
2019	《中共中央国务院关于坚持农业农村优先发展做好"三农"工作的若干意见》	深入学习推广浙江"千村示范、万村整治"工程经验,全面推开以农村垃圾污水治理、厕所革命和村容村貌提升为重点的农村人居环境整治。加强农村污染治理和生态环境保护。统筹推进山水林田湖草系统治理,推动农业农村绿色发展。加大农业面源污染治理力度,开展农业节肥节药行动,实现化肥农药使用量负增长。发展生态循环农业,推进畜禽粪污、秸秆、农膜等农业废弃物资源化利用
2020	《中共中央国务院关于抓好"三农"领域重点工作确保如期实现全面小康的意见》	扎实搞好农村人居环境整治。分类推进农村厕所革命。全面推进农村生活垃圾治理,开展就地分类、源头减量试点。梯次推进农村生活污水治理,优先解决乡镇所在地和中心村生活污水问题。治理农村生态环境突出问题。大力推进畜禽粪污资源化利用,基本完成大规模养殖场粪污治理设施建设。深入开展农药化肥减量行动,加强农膜污染治理,推进秸秆综合利用

续表

年份	文件名称	文件内容
2021	《中共中央国务院关于全面推进乡村振兴加快农业农村现代化的意见》	推进农业绿色发展。实施国家黑土地保护工程,推广保护性耕作模式。健全耕地休耕轮作制度。持续推进化肥农药减量增效,推广农作物病虫害绿色防控产品和技术。加强畜禽粪污资源化利用。全面实施秸秆综合利用和农膜、农药包装物回收行动,加强可降解农膜研发推广。实施农村人居环境整治提升五年行动。开展美丽宜居村庄和美丽庭院示范创建活动

2018 年 5 月 18 日至 19 日,全国生态环境保护大会在北京召开。这次大会,是中共中央和国务院联合召开的,会议名称由之前的全国环境保护大会变为全国生态环境保护大会。在全面建成小康社会进入决胜阶段、污染防治攻坚战进入关键阶段之际,此次高规格生态环境保护大会的召开,对于凝聚共识、明确方向、理清思路、全力攻坚,意义重大、影响深远,所以应该称之为"新时代第一次全国生态环境保护大会"。会议提出,加大力度推进生态文明建设、解决生态环境问题,坚决打好污染防治攻坚战,推动中国生态文明建设迈上新台阶。习近平总书记在大会上的讲话为生态文明建设做了顶层设计。他强调,生态环境是关系党的使命宗旨的重大政治问题,也是关系民生的重大社会问题。广大人民群众热切期盼加快提高生态环境质量,我们要积极回应人民群众所想、所盼、所急,大力推进生态文明建设,提供更多优质生态产品,不断满足人民群众日益增长的优美生态环境需要。会议还对加快构建生态文明体系,全面推动绿色发展,有效防范生态环境风险,提高环境治理水平,提出了明确要求,做出了具体部署。

农村的人居环境和生产环境受到了重视,农村生态环境的法制建设也得到了全面提升(如表 3-6 所示),是这一阶段农村生态文明建设的显著特征。

表 3-6 农村生态环境保护政策全面提升阶段的相关文件（2013—2021 年）

年份	文件名称	发布部门	农村生态环境保护的相关内容
2013	《2013 年全国自然生态和农村环境保护工作要点》	环境保护部办公厅	强化以奖促治、以考促治、以创促治、以减促治的四轮驱动，启动土壤环境保护工程
2013	《畜禽规模养殖污染防治条例》	国务院	从预防、治理、激励和法律责任四个方面推进畜禽养殖废弃物的综合利用和无害化处理
2014	《中华人民共和国环境保护法》	全国人大常委会	1989 年公布，2014 年修订。第四十九条规定：各级人民政府及其农业等有关部门和机构应当指导农业生产经营者科学种植和养殖，科学合理施用农药、化肥等农业投入品，科学处置农用薄膜、农作物秸秆等农业废弃物，防止农业面源污染。禁止将不符合农用标准和环境保护标准的固体废物、废水施入农田。施用农药、化肥等农业投入品及进行灌溉，应当采取措施，防止重金属和其他有毒有害物质污染环境
2014	《关于改善农村人居环境的指导意见》	国务院办公厅	改善农村人居环境，要规划先行，分类指导；突出重点，循序渐进；完善机制，持续推进
2014	《水质较好湖泊生态环境保护总体规划（2013—2020）》	环境保护部、国家发展和改革委员会、财政部	加快推进农村生活污水治理。因地制宜采取集中式、分散式等方式，加快推进农村生活污水处理设施建设。开展农田径流污染防治，积极引导和鼓励农民使用测土配方施肥、生物防治和精准农业等技术，采取灌排分离等措施控制农田氮磷流失，推广使用生物农药或高效、低毒、低残留农药

年份	文件名称	发布部门	农村生态环境保护的相关内容
2015	《中共中央国务院关于加快推进生态文明建设的意见》	中共中央、国务院	到2020年,资源节约型和环境友好型社会建设取得重大进展,主体功能区布局基本形成,经济发展质量和效益显著提高,生态文明主流价值观在全社会得到推行,生态文明建设水平与全面建成小康社会目标相适应
2015	《国务院办公厅关于加快转变农业发展方式的意见》	国务院办公厅	鼓励发展种养结合循环农业。提高资源利用效率,打好农业面源污染治理攻坚战。大力发展节水农业。实施化肥和农药零增长行动。推进农业废弃物资源化利用。提高农产品质量安全监管能力
2015	《全国水土保持规划(2015—2030年)》	水利部、国家发展改革委员会、财政部、国土资源部、环境保护部、农业部、国家林业局	近期目标任务:到2020年,基本建成与我国经济社会发展相适应的水土流失综合防治体系,基本实现预防保护,重点防治地区的水土流失得到有效治理,生态进一步趋向好转。远期目标任务:到2030年,建成与我国经济社会发展相适应的水土流失综合防治体系,实现全面预防保护,重点防治地区的水土流失得到全面治理,生态实现良性循环

续表

年份	文件名称	发布部门	农村生态环境保护的相关内容
2015	《水污染防治行动计划》	国务院	简称"水十条"。采取十个方面措施达到下面目标:到2020年,全国水环境质量得到阶段性改善,污染严重水体较大幅度减少,饮用水安全保障水平持续提升,地下水超采得到严格控制,地下水污染加剧趋势得到初步遏制,近岸海域环境质量稳中趋好,京津冀、长三角、珠三角等区域水生态环境状况有所好转。到2030年,力争全国水环境质量总体改善,水生态系统功能初步恢复。到本世纪中叶,生态环境质量全面改善,生态系统实现良性循环
2015	《土壤污染防治行动计划》	国务院	又称"土十条"。采取十个方面措施达到下面目标:到2020年,全国土壤污染加重趋势得到初步遏制,土壤环境质量总体保持稳定,农用地和建设用地土壤环境安全得到基本保障,土壤环境风险得到基本管控。到2030年,全国土壤环境质量稳中向好,农用地和建设用地土壤环境安全得到有效保障,土壤环境风险得到全面管控。到本世纪中叶,土壤环境质量全面改善,生态系统实现良性循环
2015	《关于全面推进农村垃圾治理的指导意见》	住房和城乡建设部等	建立村庄保洁制度、推行垃圾源头减量、全面治理生活垃圾、推进农业生产废弃物的资源化利用、规范处置农村工业固废、清理陈年垃圾

年份	文件名称	发布部门	农村生态环境保护的相关内容
2015	《生态文明体制改革总体方案》	中共中央、国务院	建立农村环境治理体制机制。建立以绿色生态为导向的农业补贴制度,加快制定和完善相关技术标准和规范,加快推进化肥、农药、农膜减量化以及畜禽养殖废弃物资源化和无害化,鼓励生产使用可降解农膜。完善农作物秸秆综合利用制度。健全化肥农药包装物、农膜回收贮运加工网络。采取财政和村集体补贴、住户付费、社会资本参与的投入运营机制,加强农村污水和垃圾处理等环保设施建设。采取政府购买服务等多种扶持措施,培育发展各种形式的农业面源污染治理、农村污水垃圾处理市场主体。强化县乡两级政府的环境保护职责,加强环境监管能力建设。财政支农资金的使用要统筹考虑增强农业综合生产能力和防治农村污染
2015	《到 2020 年化肥使用量零增长行动方案》 《到 2020 年农药使用量零增长行动方案》	农业部	到 2020 年,初步建立科学施肥管理和技术体系,科学施肥水平明显提升。2015 年到 2019 年,逐步将化肥使用量年增长率控制在 1% 以内;力争到 2020 年,主要农作物化肥使用量实现零增长。到 2020 年,初步建立资源节约型、环境友好型病虫害可持续治理技术体系,科学用药水平明显提升,单位防治面积农药使用量控制在近三年平均水平以下,力争实现农药使用总量零增长

续表

年份	文件名称	发布部门	农村生态环境保护的相关内容
2015	《全国农业可持续发展规划（2015—2030年）》	农业部、国家发展和改革委员会、科技部、财政部、国土资源部、环境保护部、水利部、国家林业局	到2030年,农业可持续发展取得显著成效。供给保障有力、资源利用高效、产地环境良好、生态系统稳定、农民生活富裕、田园风光优美的农业可持续发展新格局基本确立
2015	《农业部关于打好农业面源污染防治攻坚战的实施意见》	农业部	大力推进农业清洁生产。加快推广科学施肥、安全用药、绿色防控、农田节水等清洁生产技术与装备,改进种植和养殖技术模式,实现资源利用节约化、生产过程清洁化、废物再生资源化。在"菜篮子"主产县全面推行减量化生产和清洁生产技术,提高优质安全农产品供给能力
2016	《中华人民共和国水法》	全国人大常委会	1988年发布,2002年第一次修订,2009年第二次修订,2016年第三次修订。第二十五条规定:农村集体经济组织或者其成员依法在本集体经济组织所有的集体土地或者承包土地上投资兴建水工程设施的,按照谁投资建设谁管理和谁受益的原则,对水工程设施及其蓄水进行管理和合理使用
2016	《土壤污染防治行动计划》	国务院	开展土壤污染调查。推进土壤污染防治立法。实施农用地分类管理。强化未污染土壤保护。加强污染源监管。开展污染治理与修复

年份	文件名称	发布部门	农村生态环境保护的相关内容
2016	《国务院关于印发全国农业现代化规划（2016—2020）的通知》	国务院	绿色兴农，着力提升农业可持续发展水平。推进资源保护和生态修复。开展化肥农药使用量零增长行动。推动农业废弃物资源化利用无害化处理。强化环境突出问题治理。确保农产品质量安全
2016	《培育发展农业面源污染治理、农村污水垃圾处理市场主体方案》	环境保护部、农业部、住房和城乡建设部	创新农业农村环境治理模式，激发市场活力；规范农业农村环境治理市场，优化市场主体结构；强化政策引导，加大对市场主体扶持力度；健全法规标准，夯实市场主体培育基础
2016	《关于加快发展农业循环经济的指导意见》	国家发展和改革委员会、农业部、国家林业局	推进资源利用节约化，推进生产过程清洁化，推进产业链接循环化，推进农林废弃物处理资源化。到2020年，建立起适应农业循环经济发展要求的政策支撑体系，基本构建起循环型农业产业体系
2016	《关于推进农业废弃物资源化利用试点的方案》	农业部、国家发展和改革委员会、财政部、住房和城乡建设部、环境保护部、科学技术部	优先选择工作有基础、种养殖规模较大、地方有积极性的国家现代农业示范区、国家农业科技园区、农村综合改革试验区，以及国家农业可持续发展试验示范区所在县市开展试点。2016年，结合现有投资渠道在30个左右的县（市）开展试点
2016	《"十三五"生态环境保护规划》	国务院	发展生态绿色、高效安全的现代农业技术，深入开展节水农业、循环农业、有机农业、现代林业和生物肥料等技术研发，促进农业提质增效和可持续发展。继续推进农村环境综合整治

续表

年份	文件名称	发布部门	农村生态环境保护的相关内容
2016	《关于政府参与的污水、垃圾处理项目全面实施 PPP 模式的通知》	财政部、住房和城乡建设部、农业部、环境保护部	加强对污水、垃圾处理领域全面实施 PPP 模式相关工作的指导,科学编制并严格落实有关规划,督促相关项目加快落地实施。农村的污水、垃圾处理工作得到有效统筹协调,并同生态产业及循环经济发展、面源污染治理有效衔接
2016	《关于健全生态保护补偿机制的意见》	国务院办公厅	按照权责统一、合理补偿,政府主导、社会参与,统筹兼顾、转型发展,试点先行、稳步实施的原则,着力落实森林、草原、湿地、荒漠、海洋、水流、耕地等重点领域生态保护补偿任务
2017	《中华人民共和国农药管理条例》	国务院	1997 年发布,2001 年修订,2017 年修订。第二十八条规定:农药经营者不得加工、分装农药,不得在农药中添加任何物质,不得采购、销售包装和标签不符合规定,未附具产品质量检验合格证,未取得有关许可证明文件的农药
2017	《中华人民共和国水污染防治法》	全国人大常委会	1984 年公布,1996 年第一次修正,2008 年修订,2017 年第二次修正。第五十八条规定:农田灌溉用水应当符合相应的水质标准,防止污染土壤、地下水和农产品。禁止向农田灌溉渠道排放工业废水或者医疗污水。向农田灌溉渠道排放城镇污水以及未综合利用的畜禽养殖废水、农产品加工废水的,应当保证其下游最近的灌溉取水点的水质符合农田灌溉水质标准
2017	《农用地土壤环境管理办法(试行)》	环境保护部、农业部	从预防、调查监测、分类管理、监督四个方面加强农用地土壤环境保护,管控农用地土壤环境风险

年份	文件名称	发布部门	农村生态环境保护的相关内容
2017	《全国农村环境综合整治"十三五"规划》	环境保护部、财政部	规划目标：到2020年，新增完成环境综合整治的建制村13万个，累计达到全国建制村总数的三分之一以上。建立健全农村环保长效机制，整治过的7.8万个建制村的环境不断改善，确保已建农村环保设施长期稳定运行。引导、示范和带动全国更多建制村开展环境综合整治。全国农村饮用水水源地保护得到加强，农村生活污水和垃圾处理、畜禽养殖污染防治水平显著提高，农村人居环境明显改善，农村环境监管能力和农民群众环保意识明显增强
2017	《生态环境损害赔偿制度改革方案》	中共中央办公厅、国务院办公厅	明确生态环境损害赔偿范围、责任主体、索赔主体、损害赔偿解决途径等，形成相应的鉴定评估管理和技术体系、资金保障和运行机制
2017	《农业部关于实施农业绿色发展五大行动的通知》	农业部办公厅	为增强农业可持续发展能力，农业部决定启动实施畜禽粪污资源化利用行动、果菜茶有机肥替代化肥行动、东北地区秸秆处理行动、农膜回收行动和以长江为重点的水生生物保护行动等农业绿色发展五大行动
2017	《畜禽粪污资源化利用行动方案（2017—2020年）》	农业部	到2020年，建立科学规范、权责清晰、约束有力的畜禽养殖废弃物资源化利用制度，构建种养循环发展机制，畜禽粪污资源化利用能力明显提升，全国畜禽粪污综合利用率达到75%以上

续表

年份	文件名称	发布部门	农村生态环境保护的相关内容
2017	《开展果菜茶有机肥替代化肥行动方案》	农业部	加快推进农业绿色发展,要以果菜茶生产为重点,实施有机肥替代化肥,推进资源循环利用,实现节本增效、提质增效,探索产出高效、产品安全、资源节约、环境友好的现代农业发展之路
2017	《农膜回收行动方案》	农业部	到2020年,全国农膜回收网络不断完善,资源化利用水平不断提升,农膜回收利用率达到80%以上,"白色污染"得到有效防控
2017	《重点流域农业面源污染综合治理示范工程建设规划(2016—2020年)》	农业部办公厅	根据流域农业面源污染组成特征,因地制宜建设农田面源污染综合防控、畜禽养殖污染治理、水产养殖污染防治、农业废弃物循环利用等工程,治理农业面源污染
2017	《关于创新体制机制推进农业绿色发展的意见》	中共中央办公厅、国务院办公厅	把农业绿色发展摆在生态文明建设全局的突出位置,全面建立以绿色生态为导向的制度体系,基本形成与资源环境承载力相匹配、与生产生活生态相协调的农业发展格局,努力实现耕地数量不减少、耕地质量不降低、地下水不超采,化肥、农药使用量零增长,秸秆、畜禽粪污、农膜全利用,实现农业可持续发展、农民生活更加富裕、乡村更加美丽宜居
2018	《农村人居环境整治三年行动方案》	中共中央办公厅、国务院办公厅	行动目标:到2020年,实现农村人居环境明显改善,村庄环境基本干净整洁有序,村民环境与健康意识普遍增强。重点任务:推进农村生活垃圾治理,开展厕所粪污治理,梯次推进农村生活污水治理,提升村容村貌,加强村庄规划管理,完善建设和管护机制

年份	文件名称	发布部门	农村生态环境保护的相关内容
2018	《中华人民共和国农村土地承包法（修正）》	全国人大常委会	2002年公布，2009年第一次修订，2018年第二次修订。第二十条规定：耕地的承包期为三十年。草地的承包期为三十年至五十年。林地的承包期为三十年至七十年；特殊林木的林地承包期，经国务院林业行政主管部门批准可以延长
2018	《关于大力实施乡村振兴战略加快推进农业转型升级的意见》	农业部	大力推行农业绿色生产方式，开展农业绿色发展行动，发展资源节约型、环境友好型农业，实现投入品减量化、生产清洁化、废弃物资源化、产业模式生态化，逐步把农业资源环境压力降下来，把农业面源污染加重的趋势缓下来
2018	《农业绿色发展技术导则（2018—2030年）》	农业农村部	以支撑引领农业绿色发展为主线，以绿色投入品、节本增效技术、生态循环模式、绿色标准规范为主攻方向，全面构建高效、安全、低碳、循环、智能、集成的农业绿色发展技术体系
2018	《农业农村污染治理攻坚战行动计划》	生态环境部、农业农村部	到2020年，实现"一保两治三减四提升"："一保"，即保护农村饮用水水源，农村饮水安全更有保障；"两治"，即治理农村生活垃圾和污水，实现村庄环境干净整洁有序；"三减"，即减少化肥、农药使用量和农业用水总量；"四提升"，即提升主要由农业面源污染造成的超标水体水质、农业废弃物综合利用率、环境监管能力和农村居民参与度

续表

年份	文件名称	发布部门	农村生态环境保护的相关内容
2018	《农村人居环境整治村庄清洁行动方案》	中央农办、农业农村部等18个部门	以"清洁村庄助力乡村振兴"为主题,动员广大农民群众,广泛参与、集中整治,着力解决村庄环境"脏乱差"问题,重点做好村庄内"三清一改",即清理农村生活垃圾、清理村内塘沟、清理畜禽养殖粪污等农业生产废弃物、改变影响农村人居环境的不良习惯
2019	《中华人民共和国土地管理法》	全国人大常委会	1986年公布,1988年第一次修订,1998年修订,2004年第二次修正,2019年第三次修正。第三十六条规定:各级人民政府应当采取措施,引导因地制宜轮作休耕,改良土壤,提高地力,维护排灌工程设施,防止土地荒漠化、盐渍化、水土流失和土壤污染
2019	《关于推进农村生活污水治理的指导意见》	农业农村部、生态环境部、水利部等9个部门	牢固树立绿色发展理念,结合农田灌溉回用、生态保护修复、环境景观建设等,推进水资源循环利用,实现农村生活污水治理与生态农业发展、农村生态文明建设的有机衔接
2019	《关于加强和改进乡村治理的指导意见》	中共中央办公厅、国务院办公厅	传承发展提升农村优秀传统文化,加强传统村落保护。挖掘文化内涵,培育乡村特色文化产业,助推乡村旅游高质量发展。支持多方主体参与乡村治理

续表

年份	文件名称	发布部门	农村生态环境保护的相关内容
2020	《农作物病虫害防治条例》	国务院	国家鼓励和支持使用生态治理、健康栽培、生物防治、物理防治等绿色防控技术和先进施药机械以及安全、高效、经济的农药
2020	《山水林田湖草生态保护修复工程指南(试行)》	自然资源部办公厅、财政部办公厅、生态环境部办公厅	严守生态保护红线、永久基本农田、城镇开发边界三条控制线,按照规划确定的用途分区分类开展生态保护修复。生态空间要维护自然生态系统原真性,尽量减少人为扰动。涉及其他空间的生态保护修复,要依托现有山水脉络形成城乡连通的生态网络,增强生态、农业、城镇空间的连通性
2020	《关于防止耕地"非粮化"稳定粮食生产的意见》	国务院办公厅	严格规范永久基本农田上农业生产经营活动,禁止占用永久基本农田从事林果业以及挖塘养鱼、非法取土等破坏耕作层的行为,禁止闲置、荒芜永久基本农田
2020	《中华人民共和国刑法》	全国人大常委会	2020年第十一次修正。第三百四十二条规定:非法占用农用地罪违反土地管理法规,非法占用耕地、林地等农用地,改变被占用土地用途,数量较大,造成耕地、林地等农用地大量毁坏的,处五年以下有期徒刑或者拘役,并处或者单处罚金

续表

年份	文件名称	发布部门	农村生态环境保护的相关内容
2020	《中华人民共和国固体废物污染环境防治法》	全国人大常委会	1995 年公布，2004 年第一次修订，2013 年第一次修正，2015 年第二次修正，2016 年第三次修正，2020 年第二次修订。第六十五条规定：产生秸秆、废弃农用薄膜、农药包装废弃物等农业固体废物的单位和其他生产经营者，应当采取回收利用和其他防止污染环境的措施。从事畜禽规模养殖应当及时收集、贮存、利用或者处置养殖过程中产生的畜禽粪污等固体废物，避免造成环境污染。禁止在人口集中地区、机场周围、交通干线附近以及当地人民政府划定的其他区域露天焚烧秸秆。国家鼓励研究开发、生产、销售、使用在环境中可降解且无害的农用薄膜
2020	《关于加强生态保护监管工作的意见》	生态环境部	积极探索开展水生态、土壤生态监测及相关生态脆弱区地下水位监测。推动建立健全生态保护红线监管制度，出台生态保护红线监管办法和监管指标体系
2021	《"美丽中国，我是行动者"提升公民生态文明意识行动计划（2021—2025 年）》	生态环境部、中央宣传部、中央文明办、教育部、共青团中央、全国妇联	从深化重大理论研究、持续推进新闻宣传、广泛开展社会动员、加强生态文明教育、推动社会各界参与、创新方式方法等六个方面提出了重点任务安排，部署了研习、宣讲、新闻报道、文化传播、道德培育、志愿服务、品牌创建、全民教育、社会共建、网络传播等十大专题行动

续表

年份	文件名称	发布部门	农村生态环境保护的相关内容
2021	《关于全面推进农业农村法治建设的意见》	农业农村部	健全完善重大动植物疫病、农业重大自然灾害、农产品质量安全等各类涉农突发事件预防和应急处理制度,提高涉农突发事件应对法治化、规范化水平
2021	《农业面源污染治理与监督指导实施方案(试行)》	生态环境部办公厅、农业农村部办公厅	工作目标:到2025年,重点区域农业面源污染得到初步控制。到2035年,重点区域土壤和水环境农业面源污染负荷显著降低,农业面源污染监测网络和监管制度全面建立,农业绿色发展水平明显提升
2021	《中华人民共和国乡村振兴促进法》	全国人大常委会	国家鼓励和支持农业生产者采用节水、节肥、节药、节能等先进的种养殖技术,推动种养结合、农业资源综合开发,优先发展生态循环农业
2021	《国务院办公厅关于科学绿化的指导意见》	国务院办公厅	提出10条工作措施,即科学编制绿化相关规划、合理安排绿化用地、合理利用水资源、科学选择绿化树种草种、规范开展绿化设计施工、科学推进重点区域植被恢复、稳步有序开展退耕还林还草、节俭务实推进城乡绿化、巩固提升绿化质量和成效、创新开展监测评价
2021	《"十四五"全国农业绿色发展规划》	农业农村部、国家发展改革委、科技部、自然资源部、生态环境部、国家林草局	发展目标:到2025年,农业绿色发展全面推进,制度体系和工作机制基本健全,科技支撑和政策保障更加有力,农村生产生活方式绿色转型取得明显进展。到2035年,农业绿色发展取得显著成效,农村生态环境根本好转,绿色生产生活方式广泛形成,农业生产与资源环境承载力基本匹配,生产生活生态相协调的农业发展格局基本建立,美丽宜人、兴业人和的社会主义新乡村基本建成

生态环境保护政策是经济社会发展与生态环境保护之间的平衡器。改革开放以来,农村生态环境保护政策的适时出台和持续完善,是优化农村生态环境、推动农业农村可持续发展的重要推动力,农村经济状况得到了很大程度的改善。然而,我们必须清醒地认识到,由于农村环境污染和生态破坏具有多样性和复杂性,在制定农村生态环境保护政策时,必须从整体的、系统的角度去考虑,既要克服政策的滞后性,又要注意相关性,从经济、社会、技术等多个方面入手,制定相应的政策和法律法规。各单位、各部门协同治理,才能在促进农村经济发展的同时打造良好的农村生产生活环境。

第二节　加大农村生态资源的保护力度

农村生态资源作为自然资源的主要体现形式,是自然资源的主要组成部分,是农村可持续发展的生态基础。我们党历来重视对农村生态资源的管理,新中国成立特别是改革开放以来,我国农村生态资源的保护成效逐步显现。

一、水土流失综合治理效益持续发挥

水土资源是人类赖以生存和发展的基础性资源。水土流失是我国重大的生态环境问题。我国是世界上水土流失最严重的国家之一。严重的水土流失导致水土资源破坏、生态环境恶化、自然灾害加剧,威胁国家生

态安全、防洪安全、饮水安全和粮食安全,是我国经济社会可持续发展的突出制约因素。新中国成立以来,党中央、国务院高度重视水土保持工作,领导人民群众开展了大规模的水土流失综合防治,取得了举世瞩目的成就。改革开放之后,我国制定了"预防为主、全面规划、综合防治、因地制宜、加强管理、注重效益"的方针,水土流失治理工作步入了新阶段。1991年,《中华人民共和国水土保持法》颁布实施。1993年《国务院关于加强水土保持工作的通知》指出,"水土保持是山区发展的生命线,是国土整治、江河治理的根本,是国民经济和社会发展的基础,是我们必须长期坚持的一项基本国策",并确定了加强水土保持工作的六大工程。在国家水土保持重点工程的带动下,各部门分工协作,地方各级政府加大投入力度,社会力量积极参与。2015年发布的《全国水土保持规划(2015—2030年)》指出:通过60多年长期不懈的努力,我国水土保持步入国家重点治理与全社会广泛参与相结合的规模治理轨道,水土流失防治取得了显著成效。截至2013年,累计综合治理小流域7万多条,实施封育80多万平方千米。全国水土流失面积由2000年的356万平方千米下降到2011年的294.91万平方千米,减少了17%;中度及以上水土流失面积由194万平方千米下降到157万平方千米,降低了19%。党的十八大之后的五年,全国共完成水土流失综合治理面积27.22万平方千米,改造坡耕地130多万公顷,实施生态修复8.8万平方千米,新建生态清洁小流域1000多条,取得了明显的生态、经济和社会效益,治理区农业生产条件和生态环境明显改善,林草覆盖率增加10%~30%,平均每年减少土壤侵蚀量近4亿吨,特色产业得到大力发展,每年增产果品约40亿公斤。许多水土流失严重的贫困村成为经济发展、环境宜人的美丽乡村。① 另有资料显示,全国累计水土流失治理面积由2000年的8096.1万公顷增加到2017年的12583.9万公顷。②

---

① 筑牢生态文明之基——十八大以来我国水土流失综合防治取得显著成效[EB/OL].[2021-01-22].http://www.stbcw.com/News/n2940.html.
② 国家统计局,生态环境部.中国环境统计年鉴(2018)[M].北京:中国统计出版社,2019:37.

《2019 中国生态环境状况公报》显示,根据 2018 年水土流失动态监测成果,全国水土流失面积 273.69 万平方千米。其中,水力侵蚀面积 115.09 万平方千米,风力侵蚀面积 158.60 万平方千米。与第一次全国水利普查(2011 年)相比,全国水土流失面积减少 21.23 万平方千米。《2020 中国生态环境状况公报》显示,2019 年全国水土流失面积 271.08 万平方千米。与 2018 年相比,减少 2.61 万平方千米。其中,水力侵蚀面积 113.47 万平方千米,风力侵蚀面积 157.61 万平方千米。按侵蚀强度分,轻度、中度、强烈、极强烈和剧烈侵蚀面积分别占全国水土流失总面积的 62.92％、17.10％、7.55％、5.89％和 6.54％。总体分析可知,水土流失以轻中度侵蚀为主,其中轻中度侵蚀面积占总面积的 80.02％。此外,黄河流域生态状况变化遥感调查评估结果显示,2000—2019 年,黄河流域植被覆盖度整体大幅提升,平均值由 24.0％升至 38.8％。黄河上游地区气候呈"暖湿化"趋势,优良等级森林、灌林和草地生态系统面积比例增加。

水利部组织完成的 2020 年度全国水土流失动态监测结果显示,2020 年,全国水土流失状况继续呈现面积强度"双下降"、水蚀风蚀"双减少"态势。充分表明我国水土流失综合治理效益持续发挥,生态环境状况整体向好态势进一步稳固。

2020 年全国水土流失面积 269.27 万平方千米,占国土面积(未含香港、澳门特别行政区和台湾地区,下同)的 28.15％,较 2019 年减少 1.81 万平方千米,减幅 0.67％。各省水土流失面积均呈减小趋势。与 20 世纪 80 年代监测的我国水土流失面积最高值相比,全国水土流失面积减少了 97.76 万平方千米。

全国的水土流失面积中,水力侵蚀面积为 112 万平方千米,占水土流失总面积的 41.59％,较 2019 年减少 1.47 万平方千米,减幅 1.3％;风力侵蚀面积为 157.27 万平方千米,占水土流失总面积的 58.41％,较 2019 年减少 0.34 万平方千米,减幅 0.21％。各强度等级水土流失面积中,轻度、中度、强烈及以上等级侵蚀面积分别为 170.51 万平方千米、46.30 万平方千米、52.46 万平方千米,其中轻中度水土流失面积占水土流失总面积的比例为 80.52％,较 2019 年提高了 0.5 个百分点,高强度水土流失面积占比进一步下降。

从分布看,我国水土流失呈现"西高东低"格局,东、中、西部水土流失面积均有所减少。西部地区水土流失面积为 225.92 万平方千米,占国土面积的 33.04％,较 2019 年减少 1.15 万平方千米,减幅 0.51％。中部地区水土流失面积为 29.24 万平方千米,占国土面积的 17.64％,较 2019 年减少 0.38 万平方千米,减幅 1.3％。东部地区水土流失面积为 14.11 万平方千米,占国土面积的 13.19％,较 2019 年减少 0.28 万平方千米,减幅 1.93％。[1]

党的十八大以来,水土保持在生态文明建设中的基础作用得到明显加强,水土保持为经济发展、社会进步、民生改善和生态安全等提供了重要支撑。但同时也应看到,水土流失防治进程与生态文明建设、全面建设社会主义现代化国家目标的要求还有很大差距。我们必须继续大力推进重点防治地区水土流失治理,进一步加强监督管理,全面推进水土保持监测及信息化建设,不断深入体制改革和机制创新,进一步提升水土保持社会管理、公共服务能力和行业发展水平,为建设美丽中国而不懈奋斗。

二、荒漠化和沙化防治取得较大进展

荒漠化和沙化被称为"地球癌症"。我国是世界上荒漠化和沙化最严重的国家之一。新中国成立后,在长期的防治沙化和荒漠化实践中,国家采取了一系列强有力措施,在工程布局、资金投入、政策机制、法制建设等方面不断加大力度,取得了阶段性成果。改革开放后,以国务院批复

---

[1] 2020 年全国水土流失动态监测成果显示:我国生态环境状况持续向好[EB/OL]. [2021-06-08]. http://www.rmzxb.com.cn/c/2021-06-17/2883753.shtml.

《1991—2000年全国治沙工程规划要点》为标志,全国防沙治沙工作进入了一个新的阶段。通过实施京津风沙源治理、石漠化治理、三北防护林、退耕还林等重点工程,启动沙化土地封禁保护区和沙漠公园建设,我国荒漠化和沙化治理成效显著。2012—2019年,我国治理沙化土地面积超过1400万公顷,封禁保护面积174万公顷。三北工程区沙化土地面积年均缩减1183平方千米。京津风沙源工程在内蒙古、陕西、河北、北京已建成6条生态防护林带和成片森林带。经过多个重点工程建设、多种措施综合防治,近年我国北方地区每年发生沙尘天气过程不超过10次,强度偏弱,次数与强度均低于近20年同期均值,影响范围较小。自2004年以来,我国荒漠化和沙化面积已连续3个监测期(即15年)实现"双缩减"。①

长期以来,我国荒漠化、石漠化防治工作坚持依法防治、科学防治,不断健全法律法规,优化顶层设计,持续深化改革,加强监督考核,实施重点工程治理,强化荒漠植被保护。"十三五"期间,累计完成防沙治沙任务1097.8万公顷,完成石漠化治理面积160万公顷,建成沙化土地封禁保护区46个,新增封禁面积50万公顷,设立国家沙漠(石漠)公园50个,落实禁牧和草畜平衡面积分别达0.8亿公顷、1.73亿公顷,荒漠生态系统保护成效显著。

同时,荒漠化、石漠化防治工作始终坚持治山、治水、治沙相配套,封山、育林、育草相结合,禁牧、休牧、轮牧相统一,统筹实施植树造林、草原保护、小流域综合治理、水源节水工程等各项措施,以点带面,带动沙化重点地区集中治理、规模推进,形成了工程带动、多措并举的治理格局,取得了良好的综合效益。

目前,我国已成功遏制荒漠化扩展态势,荒漠化、沙化、石漠化土地面积以年均2424平方千米、1980平方千米、3860平方千米的速度持续缩减,沙区和岩溶地区生态状况整体好转,实现了从"沙进人退"到"绿进沙

---

① 我国荒漠化和沙化面积连续15年"双缩减"[EB/OL].[2019-12-30].http://www.xinhuanet.com/2019—12/30/c_1125404968.htm.

退"的历史性转变。①

　　我国在积极进行生态保护、修复自然生态系统的过程中,形成了治理荒漠的丰富经验和科学做法,库布其治沙就是其中的成功实践之一。库布其沙漠是我国第七大沙漠,总面积 1.86 万平方千米,是距离北京最近的沙漠,曾是京津冀地区三大风沙源之一。30 年前的库布其,生产生活条件十分恶劣,10 万农牧民散居在沙漠里,过着与沙为伴的游牧生活,苦不堪言。多年来,在我国各级党委和政府、沙区企业、人民群众的艰辛努力下,库布其成为世界上唯一被整体治理的沙漠。目前,库布其沙漠治理面积达到 60 多万公顷,沙漠的森林覆盖率由 2002 年的 0.8% 增加到 2016 年的 15.7%;植被覆盖度由 2002 年的 16.2% 增加到 2016 年的 53%。创造出一、二、三产业融合互补的千亿级沙漠生态循环经济,累计带动沙区 10.2 万名群众彻底摆脱了贫困,贫困人口年均收入从不到 400 元增长到目前 1.4 万元。库布其沙尘天气明显减少,降雨量显著增多,生物多样性大幅恢复,把沙尘挡在了塞外,把清风还给了京津冀地区。库布其沙漠已经从一片"死亡之海"成为一座富饶文明的"经济绿洲",成为当地人绿色生活、绿色生产的美丽家园。2014 年,库布其沙漠生态治理区被联合国确立为全球沙漠"生态经济示范区"。②

三、18 亿亩耕地红线得到牢固坚守

　　保障国家粮食安全的根本在耕地,耕地是粮食生产的命根子。在 2013 年 12 月 12 日召开的中央城镇化工作会议上,习近平总书记指出:"我国有十三亿多人口,粮食安全是头等大事。如果粮食等主要农产品供

---

①　我国荒漠化、沙化、石漠化面积持续缩减[EB/OL].[2021-06-17]. http://www. rmzxb. com. cn/c/2021-06-17/2883753. shtml.

②　鄂尔多斯宣传部.库布其治沙与绿色经济发展经验[EB/OL].[2017-09-06]. https://www. imsilkroad. com/news/p/49091. html.

给出了问题，谁都不可能救我们。我们可以适当利用国际市场，但我们十三亿多人的饭碗必须牢牢端在自己手里。我国粮食实现了'十连增'，但粮食增产面临的水土资源、生态环境压力越来越大，连续增长空间并不大。耕地红线一定要守住，千万不能突破，也不能变通突破。"①这为做好耕地保护和粮食生产工作、牢牢把住粮食安全主动权提供了根本遵循。

中国人多地少，人均耕地面积不足世界平均水平的1/2，从保障粮食安全、经济安全和社会稳定考虑，中国政府提出"坚守18亿亩耕地面积"的红线目标，并坚持执行世界上最严格的耕地保护制度。近年来，我国农业结构不断优化，区域布局趋于合理，粮食生产连年丰收，部分地区还存在耕地"非农化""非粮化"倾向。在2020年12月28—29日召开的中央农村工作会议上，习近平总书记强调："要严防死守18亿亩耕地红线，采取长牙齿的硬措施，落实最严格的耕地保护制度。要建设高标准农田，真正实现旱涝保收、高产稳产。要把黑土地保护作为一件大事来抓，把黑土地用好养好。"②守好耕地红线，严保严管是关键，必须像保护大熊猫那样保护耕地。近年来，从中央到地方各级主管部门，坚决落实最严格的耕地保护制度，不断提升制度执行力，强化耕地保护意识，强化土地用途管制。

2021年8月25日，国务院第三次全国国土调查领导小组办公室、自然资源部、国家统计局发布的《第三次全国国土调查主要数据公报》显示，我国现有耕地12786.19万公顷。其中，水田3139.20万公顷，占24.55％；水浇地3211.48万公顷，占25.12％；旱地6435.51万公顷，占50.33％。64％的耕地分布在秦岭—淮河以北。黑龙江、内蒙古、河南、吉林、新疆这5个省份耕地面积较大，占全国耕地的40％。位于一年三熟制地区的耕地1882.91万公顷，占全国耕地的14.73％；位于一年两熟制地区的耕地4782.66万公顷，占37.40％；位于一年一熟制地区的耕地6120.62万公顷，占47.87％。位于年降水量800毫米以上（含800毫米）

---

① 十八大以来重要文献选编（上）[M].北京：中央文献出版社，2014：596.
② 习近平出席中央农村工作会议并发表重要讲话[EB/OL].[2020-12-29].http://www.gov.cn/xinwen/2020-12/29/content_5574955.htm.

地区的耕地 4469.44 万公顷,占全国耕地的 34.96％;位于年降水量 400
～800 毫米(含 400 毫米)地区的耕地 6295.98 万公顷,占 49.24％;位于
年降水量 200～400 毫米(含 200 毫米)地区的耕地 1280.45 万公顷,占
10.01％;位于年降水量 200 毫米以下地区的耕地 740.32 万公顷,占
5.79％。位于 2 度以下坡度(含 2 度)的耕地 7919.03 万公顷,占全国耕
地的61.93％;位于 2～6 度坡度(含 6 度)的耕地 1959.32 万公顷,占
15.32％;位于 6～15 度坡度(含 15 度)的耕地 1712.64 万公顷,占
13.40％;位于 15～25 度坡度(含 25 度)的耕地 772.68 万公顷,占
6.04％;位于 25 度以上坡度的耕地 422.52 万公顷,占 3.31％。[①]

　　党的十八大以来,我们坚持改革创新,充分发挥市场在资源配置中的
决定性作用,更好发挥政府作用,既层层压实地方各级党委和政府耕地保
护责任,实行党政同责,坚决遏制耕地"非农化",严格管控"非粮化",从严
控制耕地转为其他农用地,从严查处各类违法违规占用耕地或改变耕地
用途行为,又充分发挥经济杠杆的作用,规范完善耕地占补平衡,确保"一
亩不少,一亩不假",不折不扣地实现占补平衡目标;加强土地整治和高标
准农田建设,健全耕地保护补偿和利益调节机制,确保完成国家规划确定
的耕地保有量和永久基本农田保护目标任务。另外,对耕地的保护和监
管不断与时俱进,依靠科技创新,打造智能化、常态化、精细化的监管平
台,"天上看、地上巡、网上查",让耕地保护长出智慧监管的"利齿",为早
发现、早制止、严查处提供了科学依据和技术支撑。[②] 最终的结果是,保护
耕地的地方没有吃亏,保护耕地的群众得到了实惠。

四、森林资源总量持续快速增长

　　1949 年,全国森林面积仅 8280 万公顷,森林总蓄积量为 90.28 亿立

---

① 第三次全国国土调查主要数据公报[EB/OL].[2021-08-26].http://www.news.cn/politics/
2021-08/26/c_1127797077.htm.
② 占补平衡守住耕地保护红线[N].人民日报,2021-05-24.

方米,森林覆盖率为 8.6%。新中国成立之初,毛泽东发出了"绿化祖国"的伟大号召。我国从 20 世纪 50 年代开始进行大规模的植树造林。1950年 5 月 16 日,政务院发出《关于全国林业工作的指示》。1963 年 5 月 27日,国务院颁布了《森林保护条例》,这是新中国成立以后我国制定的第一个有关森林保护工作的最全面的法规。20 世纪五六十年代的"大跃进"、大炼钢铁时期,特别是后来的"文化大革命"期间,林业建设也跟其他众多行业一样,经历了大破坏、大挫折。但是,我国仍然对林业建设的重要性有着清醒的认识。

统计资料显示,新中国成立后造林工作取得了很大成效(见表 3-7)。

表 3-7　1952—1972 年全国造林情况　　　　(单位:万公顷)

年份	造林面积		迹地更新面积
	合计	其中:用材林	
1952	108.5	50.0	2.3
1953	111.3	44.7	1.7
1954	116.6	63.6	3.9
1955	171.1	94.7	3.9
1956	572.3	245.4	9.4
1957	435.5	173.5	5.6
1958	609.9	251.3	39.1
1959	545.0	224.6	56.0
1960	414.4	195.9	48.4
1961	144.1	71.7	15.6
1962	119.9	60.6	10.6
1963	153.0	68.9	18.3
1964	291.1	139.2	20.6
1965	342.6	172.7	23.9
1966	453.3	238.9	32.1
1967	390.4	223.2	30.2
1968	341.3	198.8	24.0
1969	347.9	209.7	23.3
1970	388.4	246.1	32.5

续表

年份	造林面积		迹地更新面积
	合计	其中:用材林	
1971	452.5	312.3	30.8
1972	463.6	343.7	31.9

资料来源:国家统计局.中国统计年鉴(1981)[M].北京:中国统计出版社,1982:160.

20 世纪 50 年代初期到 70 年代中末期,我国森林资源主要处于以木材利用为中心的发展阶段,林业为国民经济的恢复、建设和发展做出了重大贡献。这一时期,林业作为基础产业从国家建设需要出发,首要任务是生产木材,森林资源曾一度出现消耗量大于生长量(见表 3-8)。到 1978 年,我国森林覆盖率仅为 12.7%,在当时世界大约 160 个国家和地区中居第 116 位,低于亚洲的森林覆盖率平均值(19%),更低于工业发达、人口密集的欧洲地区(29%),苏联、美国和日本等工业发达国家的森林覆盖率也都在 20% 以上。同期,由于我国人口数量庞大,人均拥有的森林面积仅居世界第 121 位;木材蓄积量占世界第 5 位,而人均木材蓄积量只有 10 立方米,远低于加拿大(825 立方米)等国家。[①]

表 3-8　全国森林资源变化情况

调查年代	林业用地面积/万公顷	活立木蓄积/万立方米	有林地面积/万公顷	森林覆盖率/%	森林面积蓄积			经济林面积/万公顷	竹林面积/万公顷
					面积/万公顷	蓄积/万立方米	单位面积蓄积/(立方米/公顷)		
1949	—	902800	8280	8.6	—	—	—	—	—
1951—1962	21203	702076	8547	8.9	7771	647064	83	580	196
1973—1976	25760	953227	12186	12.7	11019	865579	79	852	315

资料来源:李世东,陈幸良,马凡强,等.新中国生态演变 60 年[M].北京:科学出版社,2010:13.

---

① 中国林业科学研究院科技情报研究所.我国是怎样由多林变为少林的——兼谈恢复森林的效益[J].新疆林业,1979(6):17.

改革开放以来,我国造林步伐明显加快,数量明显增加,实现了森林年生长量超过年消耗量,初步扭转了长期以来森林蓄积量持续下降的局面,进入了森林面积和蓄积量"双增长"的阶段。

为了治理和优化生态环境,实现森林资源的永续利用,从1978年开始,我国先后实施了以生态建设为主的十大林业工程。森林资源的存量明显增加(见表3-9)。2001年,国家林业局将原有十大林业工程进行了系统整合,确立了六大林业重点工程,即天然林保护工程、三北和长江中下游地区等重点防护林建设工程、退耕还林还草工程、环北京地区防沙治沙工程、野生动植物保护及自然保护区建设工程、重点地区以速生丰产用材林为主的林业产业基地建设工程。六大工程的范围,涵盖了我国97%以上的县、市、区,规划造林面积超过7300亿公顷,初步形成了林业生态体系建设的基本框架。

表 3-9   1978—1999 年全国造林情况　　　　（单位:千公顷）

年份	造林总面积	按造林方式分		按用途分			
		人工造林	飞播造林	用材林	经济林	防护林	薪炭林
1978	4496	4098	399	3130	881	420	—
1979	—	—	—	—	—	—	—
1980	4552	3967	585	2927	823	513	—
1981	4110	3681	429	2531	631	637	—
1982	4496	4116	380	2631	653	861	—
1983	6324	5603	721	3805	820	1098	451
1984	8078	7115	963	4966	923	1423	580
1985	8337	6949	1388	5291	793	1473	599
1986	5274	4158	1116	3327	689	769	392
1987	5414	4207	1207	3338	865	752	374
1988	5533	4575	958	3303	914	823	393
1989	5023	4110	914	3015	752	817	365

续表

年份	造林总面积	按造林方式分		按用途分			
		人工造林	飞播造林	用材林	经济林	防护林	薪炭林
1990	5208	4353	855	3156	645	1030	340
1991	5594	4752	843	3344	670	1244	312
1992	6030	5084	947	3355	973	1442	235
1993	5903	5044	859	2812	1564	1315	191
1994	5993	5190	802	2505	2064	1253	152
1995	4967	4405	562	1823	1740	1243	144
1996	4916	4314	622	1720	1643	1375	154
1997	4355	3738	617	1465	1275	1387	137
1998	4811	4086	725	1460	1395	1772	167
1999	4901	4277	624	1418	1404	1949	115

资料来源:改革开放三十年农业统计资料汇编[M].北京:中国统计出版社,2009:27.

多年来,我国投入巨额资金,加强森林生态系统、湿地生态系统、荒漠生态系统建设和生物多样性保护,全面实施退耕还林、天然林保护等重点生态工程,持续开展全民义务植树,大力发展林产工业,实现了森林资源和林业产业协调发展(见表3-10),《2020中国生态环境状况公报》显示,全国森林覆盖率为23.04%,森林蓄积量为175.6亿立方米,其中天然林蓄积141.08亿立方米、人工林蓄积34.52亿立方米。森林植被总生物量为188.02亿吨,总碳储量为91.86亿吨。2020年6月3日,国家发展改革委员会和自然资源部发布的《全国重要生态系统保护和修复重大工程总体规划(2021—2035年)》显示:通过三北、长江等重点防护林体系建设、天然林资源保护、退耕还林等重大生态工程建设,深入开展全民义务植树,森林资源总量实现快速增长。截至2018年底,全国森林面积居世界第五位,森林蓄积量居世界第六位,人工林面积长期居世界首位。

表 3-10　2000—2019 年全国造林情况　　　　（单位：公顷）

年份	造林总面积	按造林方式分				
		人工造林	飞播造林	封山育林	退化林修复	人工更新
2000	5105138	4345008	760130	—	—	—
2005	5403791	3231556	416386	1755849	—	—
2006	3838794	2446122	271803	1120869	—	—
2007	3907711	2738521	118671	1050519	—	—
2008	5354387	3684913	154065	1515409	—	—
2009	6262330	4156293	226337	1879700	—	—
2010	5909919	3872762	195948	1841209	—	—
2011	5996613	4065693	196931	1733989	—	—
2012	5595791	3820704	136409	1638678	—	—
2013	6100057	4209686	154400	1735971	—	—
2014	5549612	4052912	108055	1388645	—	—
2015	7683695	4362589	128390	2152877	739334	300505
2016	7203509	3823656	162322	1953638	991088	272805
2017	7680711	4295890	141220	1657169	1280993	305439
2018	7299473	3677952	135429	1785067	1329166	371859
2019	7390294	3458315	125565	1898314	1537877	370223

资料来源：国家统计局.中国统计年鉴（2020）［M］.北京：中国统计出版社，2020:252.

　　这里以河北塞罕坝植树造林创造的人间奇迹为例来说明。"塞罕坝"是蒙汉合璧语，意为"美丽的高岭"。这里曾经山清水秀、树高林密，在辽、金时期曾被称为"千里松林"，清代在此设立"木兰围场"，这里成为皇家猎苑。清末至新中国成立前，由于内忧外患，大面积林木被砍伐，塞罕坝的生态环境遭到严重破坏。相关报道有很多，例如，河北省政府原常务副省长陈立友多次到塞罕坝拍摄照片和采访，2001 年亲笔写下了《有个塞罕坝真好》的文章。他用一组组对比的数据描述了塞罕坝的变迁："解放初期塞罕坝仅有以白桦、山杨为主的天然次生林 19 万亩，疏林地 11 万亩。

那里成了'风沙遮天日,鸟兽无栖处'的荒原。从 1962 年 2 月 14 日,原林业部成立部属机械林场,后来归属河北省,经过 40 年的建设,已成为集造林、营林、木材生产、林产工业、森林旅游、多种经营为一体的大型国营林场。"经过三代塞罕坝人的艰苦奋斗,今天的塞罕坝,战胜了高寒、大风、沙化、干旱,改变了风沙蔽日、草木稀疏、人烟稀少的荒凉。与建场初期比,年均无霜期增加 14 天,在华北地区降水量普遍减少的情况下,当地降水量反而增加 100 多毫米,大风日数减少 28 天,成为华北地区面积最大的国家级森林公园,被赞誉为"河的源头、云的故乡、花的世界、林的海洋、摄影家的天堂"。① 据 2020 年统计,塞罕坝成功营造了约 76667 公顷人工林,森林覆盖率由建场初期的 11.4% 提高到现在的 82%,林木蓄积量由 33 万立方米增加到 1036 万立方米。每年可采伐木材 15 万多立方米,可吸收二氧化碳 77 万吨。不仅当地生态状况明显改善,而且有效阻滞了浑善达克沙地南侵,每年为滦河、辽河下游地区涵养水源、净化水质 1.4 亿立方米,为京津地区构筑起一道坚实的绿色生态屏障。② 多年来,习近平总书记一直高度关注塞罕坝绿色发展之路。2017 年 8 月,习近平总书记对河北塞罕坝林场建设者的感人事迹做出重要指示:"五十五年来,河北塞罕坝林场的建设者们听从党的召唤,在'黄沙遮天日,飞鸟无栖树'的荒漠沙地上艰苦奋斗、甘于奉献,创造了荒原变林海的人间奇迹,用实际行动诠释了'绿水青山就是金山银山'的理念,铸就了牢记使命、艰苦创业、绿色发展的塞罕坝精神。他们的事迹感人至深,是推进生态文明建设的一个生动范例。"③2021 年 8 月 23 日,习近平总书记考察塞罕坝林场时强调:"塞罕坝精神是中国共产党精神谱系的组成部分。全党全国人民要发扬这种精神,把绿色经济和生态文明发展好。塞罕坝要更加深刻地理解

---

① 邢海,孙阁.塞罕坝:牢记使命 书写绿色发展传奇[J].绿色中国,2021(3):64-73.
② 三代人接力守护万顷林海 生态文明建设的生动范例[J].中国生态文明,2020(2):26-27.
③ 中共中央文献研究室.习近平关于社会主义生态文明建设论述摘编[M].北京:中央文献出版社,2017:122-123.

生态文明理念,再接再厉,二次创业,在新征程上再建功立业。"①塞罕坝机械林场自 1962 年成立以来,多次获得国家有关部委奖励。2017 年 12 月 5 日,塞罕坝林场建设者荣获联合国环保最高奖项"地球卫士奖";2021 年 2 月 25 日,在全国脱贫攻坚总结表彰大会上,河北省塞罕坝机械林场获得"全国脱贫攻坚楷模"荣誉称号。在极寒、干旱、高海拔的严峻恶劣条件下,塞罕坝人都能建成中国生态文明建设的"奇迹岭",我国其他地方也完全能够走出一条可复制的生态文明之路。

五、草原生态系统恶化趋势得到遏制

草原是我国面积最大的陆地生态系统。《2019 中国生态环境状况公报》显示,我国现有草原面积近 4 亿公顷,约占国土面积的 41.7%。草地作为农业资源,它与耕地、森林有着相互转化的关系。由于人口压力增大,许多水热条件好、适宜开垦的草地已变为农田。大量调查发现,草地减少、消失的直接原因在于人为开垦草原。

草原生态建设是我国重大生态工程的一部分,主要在西部和北部地区。2000 年以来,国家在西部地区投入草原生态治理资金 201.74 亿元,先后组织实施了退牧还草、京津风沙源草地治理、西南岩溶地区草地治理工程等一系列重大草原生态工程,集中治理生态脆弱和严重退化草原,局部地区生态环境得到明显改善。

退牧还草工程从 2003 年开始实施,到 2018 年中央已累计投入资金 295.7 亿元,累计增产鲜草 8.3 亿吨,约为 5 个内蒙古草原的年产草量。②各地还先后推出一系列遏制草原退化的举措,如对部分退化草场实行"封育轮牧""延迟放牧"等,建设人工草场,部分地区摆脱了靠天养畜的状况;

---

① 习近平:发扬塞罕坝精神,在新征程上再建功立业[EB/OL].[2021-08-24].http://cpc.people.com.cn/n1/2021/0824/c435113-32205836.html.

② 我国累计近 300 亿元用于退牧还草工程[EB/OL].[2018-07-17].http://www.gov.cn/xinwen/2018/07/17/content_5307177.htm.

在农牧交错地带,采取"保护牧场、秸秆养畜和严禁垦荒"等措施,坚持草地、草场培育与生态建设相结合,加强对草原资源的保护与管理。草地建设和保护力度逐步加大,滥垦滥挖现象有所遏制,草原火灾、鼠害明显减少。

2020年6月3日,国家发展改革委员会和自然资源部发布的《全国重要生态系统保护和修复重大工程总体规划(2021—2035年)》显示:通过实施退牧还草、退耕还草、草原生态保护和修复等工程,以及草原生态保护补助奖励等政策,草原生态系统质量有所改善,草原生态功能逐步恢复。2011—2018年,全国草原植被综合盖度从51%提高到55.7%,重点天然草原牲畜超载率从28%下降到10.2%。

六、生物多样性保护步伐加快

我国是世界上生物多样性最丰富的国家之一。1956年,我国建立了第一个自然保护区——鼎湖山自然保护区。新中国成立以来,在党中央、国务院亲切关怀下,经过各地和有关部门共同努力,我国自然保护区建设已初步形成布局基本合理、类型比较齐全、功能相对完善的体系,为保护生物多样性、筑牢生态安全屏障、确保生态系统安全稳定和改善生态环境质量做出了重要贡献。

近年来我国不断加大生物多样性保护力度,积极开展野生动植物保护及栖息地保护修复,有效保护了90%的植被类型和陆地生态系统类型、65%的高等植物群落和85%的重点保护野生动物种群,生物多样性保护成效显著。据了解,我国许多濒危野生动植物种群稳中有升,生存状况不断改善。通过扩繁和迁地保护,目前已向野外回归了206种濒危植物。为全面准确摸清资源底数,我国开展了第二次野生动物和植物资源调查等工作。与此同时,我国加快推进以国家公园为主体的自然保护地体系建设,已建成国家公园试点区等各级各类自然保护地1.18万处。通过实施天然林保护工程等,全面保护修复生态系统,改善扩大野生动植物栖息地,使种群得到休养生息。①

《2019 中国生态环境状况公报》显示,截至 2019 年底,全国共建立以国家公园为主体的各级、各类保护地逾 1.18 万个,保护面积占全国陆域国土面积的 18.0%、管辖海域面积的 4.1%。其中,建立东北虎豹、祁连山、大熊猫等国家公园体制试点区 10 处,涉及吉林、黑龙江、四川等 12 个省,总面积超过 22 万平方千米,约占全国陆域国土面积的 2.3%。2019 年上半年和下半年,国家级自然保护区分别新增或规模扩大人类活动 1019 处和 2785 处,总面积分别为 8.98 平方千米和 6.42 平方千米。

《全国重要生态系统保护和修复重大工程总体规划(2021—2035 年)》显示:通过稳步推进国家公园体制试点,持续实施自然保护区建设、濒危野生动植物抢救性保护等工程,生物多样性保护取得积极成效。截至 2018 年底,我国已有各类自然保护区 2700 多处,90% 的典型陆地生态系统类型、85% 的野生动物种群和 65% 的高等植物群落纳入保护范围。大熊猫、朱鹮、东北虎、东北豹、藏羚羊、苏铁等濒危野生动植物种群数量呈稳中有升的态势。

《2020 中国生态环境状况公报》显示:从生态系统多样性看,中国具有地球陆地生态系统的各种类型,其中森林 212 类、竹林 36 类、灌丛 113 类、草甸 77 类、草原 55 类、荒漠 52 类、自然湿地 30 类;有红树林、珊瑚礁、海草床、海岛、海湾、河口和上升流等多种类型的海洋生态系统;有农田、人工林、人工湿地、人工草地和城市等人工生态系统。从物种多样性看,中国已知物种及种下单元数 122280 种。其中,动物界 54359 种,植物界 37793 种,原生动物界 2485 种,病毒 655 种。列入国家重点保护野生动物名录的珍稀濒危陆生野生动物 406 种,大熊猫、金丝猴、藏羚羊、褐马鸡等数百种动物为中国所特有;列入国家重点保护野生动物名录的珍稀濒危水生野生动物 302 种(类),长江江豚、扬子鳄等为中国所特有;列入

---

① 寇江泽.我国生物多样性保护力度加大[N].人民日报,2021-05-24.

国家重点保护野生植物名录的珍贵濒危植物 8 类 246 种,已查明大型真菌种类 9302 种。从遗传多样性看,中国有栽培作物 528 类 1339 个栽培种,经济树种达 1000 种以上,原产观赏植物种类达 7000 种,家养动物 948 个品种。

第三节 打好农业农村污染治理攻坚战

治理农业农村污染,是实施乡村振兴战略的重要任务,事关农村生态文明建设,事关第二个百年奋斗目标的实现。党的十八大以来,全国各族人民牢固树立和贯彻落实新发展理念,按照实施乡村振兴战略的总要求,强化污染治理、循环利用和生态保护,深入推进农村人居环境整治和农业投入品减量化、生产清洁化、废弃物资源化、产业模式生态化,深化体制机制改革,发挥好政府和市场两个作用,充分调动农民群众积极性、主动性,突出重点区域,动员各方力量,强化各项举措,补齐农业农村生态环境保护突出短板,进一步增强广大农民的获得感和幸福感,为全面建设社会主义现代化国家打下了坚实的基础。

一、大力推进农村人居环境综合整治

多年来,广大农村的基础设施建设比较薄弱,生态环境状况与社会经济的整体发展不和谐,与群众要求有较大差距。开展农村环境综合整治,是加强农村生态环境保护、解决农村生态能源问题的重要内容、有力抓手

和突破口。农村人居环境综合整治包括畜禽粪便污染整治、生活污水整治、垃圾和固体废弃物整治、化肥农药污染整治、河道疏浚整治和提高农村绿化水平等多项内容。

习近平总书记指出："要因地制宜搞好农村人居环境综合整治，改变农村许多地方污水乱排、垃圾乱扔、秸秆乱烧的脏乱差状况，给农民一个干净整洁的生活环境"。① 为加强农村环境综合整治，国家启动了改水改厕工程、饮水安全工程、清洁工程等重大工程项目。

首先，农村改水改厕工程。一是改水。农村改水是指改善农村生活饮水条件和水质。截至 2016 年底，91.3％的乡镇集中或部分集中供水。② 二是改厕。在农村建设无害化卫生厕所，对粪便进行无害化处理，是减少粪便对环境污染的有效办法。从 2004 年开始，国家设立了农村改厕项目，支持地方建设无害化卫生厕所。据统计，截至 2016 年底，53.5％的村完成或部分完成改厕。③

其次，农村饮水安全工程。农村饮水安全，是指农村居民能够及时、方便地获得足量、洁净、负担得起的生活饮用水。安全的饮用水，是指水质符合生活饮用水卫生标准，长期饮用不危害人体健康的水。2006 年，我国开始全面实施农村饮水安全工程。截至 2016 年底，47.7％的户使用经过净化处理的自来水，41.6％的户使用受保护的井水和泉水。④

再次，农村清洁工程。为了从根本上解决农村"脏、乱、差"问题，建设干净整洁、环境优美的社会主义新农村，农业部 2005 年启动农村清洁工程建设工作。截至 2016 年底，90.8％的乡镇生活垃圾集中处理或部分集

① 中共中央文献研究室.习近平关于社会主义生态文明建设论述摘编[M].北京：中央文献出版社,2017：89.
② 国家统计局.第三次全国农业普查主要数据公报（第三号）[EB/OL].[2017-12-15].http://www.stats.gov.cn/tjsj/tjgb/nypcgb/qgnypcgb/201712/t20171215_1563589.html.
③ 国家统计局.第三次全国农业普查主要数据公报（第三号）[EB/OL].[2017-12-15].http://www.stats.gov.cn/tjsj/tjgb/nypcgb/qgnypcgb/201712/t20171215_1563589.html.
④ 国家统计局.第三次全国农业普查主要数据公报（第四号）[EB/OL].[2017-12-16].http://www.stats.gov.cn/tjsj/tjgb/nypcgb/qgnypcgb/201712/t20171215_1563634.html.

中处理,73.9%的村生活垃圾集中处理或部分集中处理,17.4%的村生活污水集中处理或部分集中处理。[①]农村清洁能源主要包括太阳能、沼气、风力发电、微型水电、生物质能等,均属于洁净、无污染、可再生的能源,具有广阔的应用前景。清洁能源在主要生活能源消费中所占份额越来越大,越来越成为未来农村能源建设的主攻方向。

统计资料显示,2000 年以来,农村改水累计受益人口稳步增长,到 2012 年受益率已超过 95%;农村卫生厕所使用户数在稳步增长,到 2016 年卫生厕所普及率已超过 80%;农村沼气池产气量从 2007 年之后已经超过 100 亿立方米,太阳能热水器和太阳灶的使用越来越普遍(见表 3-11)。

表 3-11 全国农村环境情况(2000—2019)

年份	农村改水累计受益人口/万人	农村改水累计受益率/(%)	累计使用卫生厕所户数/万户	卫生厕所普及率/(%)	农村沼气池产气量/亿立方米	太阳能热水器/万平方米	太阳灶/台
2000	88112	92.4	9572	44.8	25.9	1107.8	332390
2001	86113	91.0	11405	46.1	29.8	1319.4	388599
2002	86833	91.7	12062	48.7	37.0	1621.7	478426
2003	87387	92.7	12624	50.9	47.5	2464.8	526177
2004	88616	93.8	13192	53.1	55.7	2845.9	577625
2005	88893	94.1	13740	55.3	72.9	3205.6	685552
2006	86629	91.1	13873	55.0	83.6	3941.0	865238
2007	87859	92.1	14442	57.0	101.7	4286.4	1118763
2008	89447	93.6	15166	59.7	118.4	4758.7	1356755
2009	90251	94.3	16056	63.2	130.8	4997.1	1484271
2010	90834	94.9	17138	67.4	139.6	5488.9	1617233

① 国家统计局.第三次全国农业普查主要数据公报(第三号)[EB/OL].[2017-12-15]. http://www.stats.gov.cn/tjsj/tjgb/nypcgb/qgnypcgb/201712/t20171215_1563589.html.

续表

年份	农村改水累计受益人口/万人	农村改水累计受益率/（%）	累计使用卫生厕所户数/万户	卫生厕所普及率/（%）	农村沼气池产气量/亿立方米	太阳能热水器/万平方米	太阳灶/台
2011	89971	94.2	18019	69.2	152.8	6231.9	2139454
2012	91208	95.3	18628	71.7	157.6	6801.8	2207246
2013	89938	95.6	19401	74.1	157.8	7294.6	2264356
2014	91511	95.8	19939	76.1	155.0	7782.9	2299635
2015	—	—	20684	78.4	153.9	8232.6	2325927
2016	—	—	21460	80.3	144.9	8623.7	2279387
2017	—	—	21701	81.7	123.8	8723.5	2222666
2018	—	—	—	—	112.2	8805.4	2135756
2019						8476.7	1835693

资料来源：国家统计局，生态环境部.中国环境统计年鉴2020[M].北京：中国统计出版社，2021：137.

改善农村人居环境，建设美丽宜居乡村，是实施乡村振兴战略的一项重要任务，事关广大农民的获得感和幸福感，事关农村社会文明和谐。截至2017年底，我国已完成13.8万个村庄农村环境综合整治，约2亿农村人口直接受益，农村人居环境建设取得明显成效。[①] 为加快推进农村人居环境整治，进一步提升农村人居环境水平，2018年2月，中共中央办公厅、国务院办公厅印发了《农村人居环境整治三年行动方案》，提出到2020年，实现农村人居环境明显改善，村庄环境基本干净整洁有序，村民环境与健康意识普遍增强。2018年12月，习近平总书记在中央经济工作会议上强调："改善农村人居环境。这是实施乡村振兴战略的重点任务，也是农民群众的深切期盼。要压实县级主体责任，从农村实际出发，重点做好垃圾污水处理、厕所革命、村容村貌提升，注重实际效果，注重同农村经济

① 李干杰.推进生态文明 建设美丽中国[M].北京：人民出版社，党建读物出版社，2019：121.

发展水平相适应,同当地文化和风土人情相协调,绝不能刮风搞运动、做表面文章。要发动农民参与人居环境治理,大家动手搞清洁、搞绿化、搞建设、搞管护,形成持续推进机制。"①持续开展农村人居环境整治行动,要重点抓好农村生活垃圾、污水治理和厕所革命,打造美丽乡村,为老百姓留住鸟语花香的田园风光。

一是推进农村生活垃圾治理。农村生活垃圾治理涵盖源头分类、中端清运、末端处理等多个环节。源头分类是促进农村生活垃圾减量化、资源化、无害化的基础,要立足农村实际,多谋"接地气"的招数,解决农村生活垃圾"怎么分、谁来分、分到什么程度"的问题。要统筹考虑生活垃圾和农业生产废弃物利用、处理问题,建立健全符合农村实际、方式多样的生活垃圾收运处置体系。做到垃圾收集设施简单、便捷、统一、位置合理,推进垃圾桶、垃圾车标准化,防止"混装、混运"。有条件的地区要推行适合农村特点的垃圾就地分类和资源化利用方式,不具备条件的偏远农村地区就近、就地消纳。开展非正规垃圾堆放点排查整治,重点整治垃圾山、垃圾围村、垃圾围坝、工业污染"上山下乡"等群众反映强烈的环境问题,建立农村生活垃圾治理长效机制。

二是推进农村生活污水治理。按照"因地制宜、尊重习惯,应治尽治、利用为先,就地就近、生态循环,梯次推进、建管并重,发动农户、效果长远"的基本思路,根据农村不同区位条件、村庄人口聚集程度、污水产生规模,因地制宜采用污染治理与资源利用相结合、工程措施与生态措施相结合、集中与分散相结合的建设模式和处理工艺。对于人口密集度高、经济发展好的平原村庄应推行集中处理;对于人口规模较小、居住分散的平原村庄,应实施分散收集、集中处理。要推进城镇污水处理设施和服务向农村延伸,建立城镇、园区周边城乡污水一体化收集处理机制。加强生活污水源头减量和尾水回收利用。统筹推进村庄污水分散治理和资源化利

---

① 中共中央党史和文献研究院.习近平关于"三农"工作论述摘编[M].北京:中央文献出版社,2019:117.

用。对于不具备集中收集处理、水量小的山区，采取分户无害化化粪池、净化沼气池等无害化处理设施，实现污水就地就近资源化利用。积极探索完善户内污水收集、处理及回用系统建设，实施厨房废水、洗浴废水等生活杂排水户内有效收集，建立洗米、洗菜废水收集—冲厕等回用系统，尾水回用于庭院绿化、景观和农田灌溉。以房前屋后河塘沟渠为重点实施清淤疏浚，采取综合措施恢复水生态，逐步消除农村黑臭水体。将农村水环境治理纳入河长制、湖长制管理。

三是推进农村厕所革命。习近平总书记指出："厕所问题不是小事情，直接关系农民群众生活品质，要把它作为实施乡村振兴战略的一项具体工作来推进，不断抓出成效。[①]"首先，要合理选择改厕模式，推进厕所革命。其次，要引导农村新建住房配套建设无害化卫生厕所，人口规模较大村庄配套建设公共厕所。最后，要加强改厕与农村生活污水治理的有效衔接。鼓励各地结合实际，将厕所粪污、畜禽养殖废弃物一并处理并资源化利用。2000 年以来，我国农村厕所改造工作在稳步推进。截至 2017 年，我国累计使用卫生厕所户数已达 21701 万户，卫生厕所普及率达 81.7%（见表 3-11）。2019 年 1 月，中央农办、农业农村部等八部委联合制定的《关于推进农村"厕所革命"专项行动的指导意见》出台，针对东部地区、中西部地区、偏远地区的不同经济发展水平，提出了需要达到的相应改厕标准和目标，对我国农村"厕所革命"行动提出了更高的要求。

在国家推行的试点政策的指导下，部分农村在生态文明建设方面取得了较为显著的成果。浙江经验就极具典型性和代表性。2019 年 3 月，中共中央办公厅、国务院办公厅正式转发了《中央农办、农业农村部、国家发展改革委关于深入学习浙江"千村示范、万村整治"工程经验扎实推进农村人居环境整治工作的报告》，要求在全国推广施行。习近平总书记做出重要批示："浙江'千村示范、万村整治'工程起步早、方向准、成效好，不

---

① 中共中央党史和文献研究院.习近平关于"三农"工作论述摘编[M].北京:中央文献出版社,2019:114.

仅对全国有示范作用,在国际上也得到认可。要深入总结经验,指导督促各地朝着既定目标,持续发力,久久为功,不断谱写美丽中国建设的新篇章。"

早在 2003 年,时任浙江省委书记的习近平同志亲自调研、亲自部署、亲自推动,启动实施"千村示范、万村整治"工程(以下简称"千万工程")。截至 2019 年 3 月,全省农村生活垃圾集中处理建制村全覆盖,卫生厕所覆盖率 98.6%,规划保留村生活污水治理覆盖率 100%,畜禽粪污综合利用、无害化处理率 97%,村庄净化、绿化、亮化、美化,造就了万千生态宜居美丽乡村,为全国农村人居环境整治树立了标杆。"千万工程"被当地农民群众誉为"继实行家庭联产承包责任制后,党和政府为农民办的最受欢迎、最为受益的一件实事"。2018 年 9 月,浙江"千万工程"获联合国"地球卫士奖"。

2019 年整治工作报告将浙江经验概括为七个"始终坚持":始终坚持以绿色发展理念引领农村人居环境综合治理;始终坚持高位推动,党政"一把手"亲自抓;始终坚持因地制宜,分类指导;始终坚持有序改善民生福祉,先易后难;始终坚持系统治理,久久为功;始终坚持真金白银投入,强化要素保障;始终坚持强化政府引导作用,调动农民主体和市场主体力量。习近平总书记多次做出重要批示,要求结合农村人居环境整治三年行动计划和乡村振兴战略实施,进一步推广浙江好的经验做法,建设好生态宜居的美丽乡村。

2020 年底,据农业农村部消息,经过各地努力,农村人居环境整治三年行动方案目标任务基本完成。全国农村卫生厕所普及率超过 65%,2018 年以来累计新改造农村户厕超过 3500 万户,农村生活垃圾收运处置体系已覆盖 90% 以上的行政村,农村生活污水治理取得新进展,95% 以上的村庄开展了清洁行动。① 下一步,将在认真总结三年行动方案实施成效

---

① 农村人居环境整治三年行动任务基本完成[EB/OL].[2020-12-28]. http://www.jx.xinhuanet.com/2020-12/28/c_1126916617.htm.

的基础上,研究谋划好"十四五"农村人居环境整治提升工作,一年接着一年干,持续改善农村人居环境,让农民群众有更多的获得感和幸福感。

二、建设万千生态宜居的美丽乡村

习近平总书记指出:"农村是我国传统文明的发源地,乡土文化的根不能断,农村不能成为荒芜的农村、留守的农村、记忆中的故园。"[①]"搞新农村建设要注意生态环境保护,注意乡土味道,体现农村特点,保留乡村风貌,不能照搬照抄城镇建设那一套,搞得城市不像城市、农村不像农村。"[②]"要注重地域特色,尊重文化差异,以多样化为美,把挖掘原生态村居风貌和引入现代元素结合起来。要引导规划、建筑、园林、景观、艺术设计、文化策划等方面的设计大师、优秀团队下乡,发挥好乡村能工巧匠的作用,把乡村规划建设水平提升上去。乡村振兴不要搞大拆大建,防止乡村景观城市化、西洋化,要多听农民呼声,多从农民角度思考。要突出村庄的生态涵养功能,保护好林草、溪流、山丘等生态细胞,打造各具特色的现代版'富春山居图'。"[③]

为了推进农村生态文明,建设美丽乡村,2013 年 2 月 22 日农业部办公厅发布《关于开展"美丽乡村"创建活动的意见》,提出"美丽乡村"创建的目标要求是,建设一批天蓝、地绿、水净,安居、乐业、增收的"美丽乡村",树立不同类型、不同特点、不同发展水平的标杆模式,推动形成农业产业结构、农民生产生活方式与农业资源环境相互协调的发展模式,加快我国农业农村生态文明建设进程。意见发布后,全国各地积极开展美丽

---

① 中共中央党史和文献研究院.习近平关于"三农"工作论述摘编[M].北京:中央文献出版社,2019:121-122.

② 中共中央党史和文献研究院.习近平关于"三农"工作论述摘编[M].北京:中央文献出版社,2019:105.

③ 中共中央党史和文献研究院.习近平关于"三农"工作论述摘编[M].北京:中央文献出版社,2019:114-115.

乡村建设的探索和实践,涌现出一大批各具特色的典型模式,积累了丰富的经验和范例。2014年2月24日,在"乡村梦想——美丽乡村建设与发展国际论坛"上,农业部发布了中国"美丽乡村"十大创建模式和典型村。随后,很多网站相继进行了报道,下面是搜狐网的转发①。

①产业发展型模式。主要在东部沿海等经济相对发达地区,其特点是产业优势和特色明显,农民专业合作社、龙头企业发展基础好,产业化水平高,初步形成"一村一品""一乡一业",实现了农业生产聚集、农业规模经营,农业产业链条不断延伸,产业带动效果明显。典型案例:江苏省张家港市南丰镇永联村。

②生态保护型模式。主要在生态优美、环境污染少的地区,其特点是自然条件优越,水资源和森林资源丰富,具有传统的田园风光和乡村特色,生态环境优势明显,把生态环境优势变为经济优势的潜力大,适宜发展生态旅游。典型案例:浙江省湖州市安吉县山川乡高家堂村。

③城郊集约型模式。主要在大中城市郊区,其特点是经济条件较好,公共设施和基础设施较为完善,交通便捷,农业集约化、规模化经营水平高,土地产出率高,农民收入水平相对较高,是大中城市重要的"菜篮子"基地。典型案例:上海市松江区泖港镇。

④社会综治型模式。主要在人数较多、规模较大、居住较集中的村镇,其特点是区位条件好,经济基础强,带动作用大,基础设施相对完善。典型案例:天津市大寺镇王村。

⑤文化传承型模式。主要在具有特殊人文景观,包括古村落、古建筑、古民居以及传统文化的地区,其特点是乡村文化资源丰富,具有优秀民俗文化以及非物质文化,文化展示和传承的潜力大。典型案例:河南省洛阳市孟津县平乐镇平乐村。

⑥渔业开发型模式。主要在沿海和水网地区的传统渔区,其特点是

---

① 美丽乡村建设十大模式和典型案例[EB/OL].[2017-06-09]. https://www.sohu.com/a/147510476_682334.

产业以渔业为主,通过发展渔业促进就业,增加渔民收入,繁荣农村经济,渔业在农业产业中占主导地位。典型案例:甘肃省天水市武山县。

⑦草原牧场型模式。主要在我国牧区半牧区县(旗、市),其特点是草原畜牧业是牧区经济发展的基础产业,是牧民收入的主要来源。典型案例:内蒙古自治区太仆寺旗贡宝拉格苏木道海嘎查。

⑧环境整治型模式。主要在农村"脏乱差"问题突出的地区,其特点是农村环境基础设施建设滞后,当地农民群众对环境整治的呼声高、反映强烈。典型案例:广西壮族自治区恭城瑶族自治县莲花镇红岩村。

⑨休闲旅游型模式。主要在适宜发展乡村旅游的地区,其特点是旅游资源丰富,住宿、餐饮、休闲娱乐设施完善齐备,交通便捷,距离城市较近,适合休闲度假,发展乡村旅游潜力大。典型案例:江西省上饶市婺源县江湾镇。

⑩高效农业型模式。主要在我国的农业主产区,其特点是以发展农业作物生产为主,水利等农业基础设施相对完善,农产品商品化率和农业机械化水平高,人均耕地资源丰富,农作物秸秆产量大。典型案例:福建省漳州市平和县三坪村。

这次评选出的每种美丽乡村建设模式,都分别代表了某一类型乡村在各自的自然资源禀赋、社会经济发展水平、产业发展特点以及民俗文化传承等条件下建设美丽乡村的成功路径和有益启示,值得各地作为样板学习和借鉴。

其实,美丽乡村建设行动,全国各地早已开展。早在2008年,浙江安吉就立足县情正式提出"中国美丽乡村"计划,出台《建设"中国美丽乡村"行动纲要》,提出用10年左右时间,把安吉打造成为"村村优美、家家创业、处处和谐、人人幸福"的中国最美丽乡村,构建全国新农村建设的"安吉模式"。中央农村工作办公室主任陈锡文在考察安吉后表示,安吉进行的中国美丽乡村建设是中国新农村建设的鲜活样本。[1] 2010年6月,浙江省全面推广安吉经验,把美丽乡村建设升级为省级战略决策。浙江省农业和农村工作办公室为此专门制定了《浙江省美丽乡村建设行动计划(2011—2015年)》,力争到2015年全省70%的县(市、区)达到美丽乡村建设要求,60%以上的乡镇整体实施美丽乡村建设。总体实现以下目标:农村生态经济加快发展,农村生态环境不断改善,资源集约利用水平明显提高,农村生态文化日益繁荣。[2] 受安吉县"中国美丽乡村"建设的影响,广东省增城、花都、从化等市、县从2011年开始也启动美丽乡村建设工程,2012年河南省明确提出将以推进"美丽乡村"工程为抓手,加快推进全省农村危房改造建设和新农村建设的步伐。2013年7月,财政部下发《关于发挥一事一议财政奖补作用推动美丽乡村建设试点的通知》,采取一事一议奖补方式在全国启动美丽乡村建设试点。[3] 近年来,浙江美丽乡村建设成绩斐然,成为全国美丽乡村建设的排头兵。全国各地都在积极探索本地特色的美丽乡村建设模式。有学者跟随国务院农村综合改革工作小组办公室领导先后考察了浙江省永嘉县、安吉县和江苏省南京市高淳区、江宁区的美丽乡村建设,提出了美丽乡村建设的四种模式:安吉模式、永嘉模式、高淳模式、江宁模式。[4]

中国人民大学农业和农村发展学院学者在对5省20村的实地调研中了解到,各地积极开展乡村人居环境整治工作,在生态保护、常态保洁、垃圾处理、厕所革命、危房改造等方面取得了一定成效,在建设美丽乡村方面积累了丰富经验,创建了美丽乡村建设的五大模式(见表3-12)。

---

[1] 陈毛应,叶福明,叶辉. 美丽乡村:中国农民的世代追求——安吉县建设中国美丽乡村纪实[J]. 今日浙江,2009(23):42-43.

[2] 浙江省农业和农村工作办公室. 浙江省美丽乡村建设行动计划(2011—2015年)[J]. 中国乡镇企业,2011(6):63-66.

[3] 美丽乡村建设被纳入一事一议财政奖补[J]. 农村·农业·农民,2013(7B):10.

[4] 吴理财,吴孔凡. 美丽乡村建设四种模式及比较——基于安吉、永嘉、高淳、江宁的调查[J]. 华中农业大学学报(社会科学版),2014(1):15-22.

表 3-12 建设生态宜居美丽乡村的五大模式①

建设生态宜居乡村的模式	行政村名称	产业发展概况
非农产业带动型	河南省裴寨村 河南省南李庄村	乡村与大型非农企业相邻,以企业为依托,连片带动,村企共建,集体以土地入股,发展非农产业,企业注资改善乡村自然生态环境、居住环境,合理共建生态宜居乡村
农产品加工业带动型	吉林省小营城子村 福建省桐木村 河南省李寨村	依托种植业,打造特色农产品品牌,形成一批农产品深加工企业,带动村集体增收,为生态宜居乡村建设提供资金保障
农业旅游业融合带动型	浙江省鲁家村 浙江省余村 吉林省东明村 吉林省陈家村 福建省湖头村 吉林省陈家店村 江苏省祁巷村	依托乡村特色山水林田湖资源禀赋,发展特色休闲农业、观光旅游及相关的餐饮、住宿等服务业,壮大集体经济,为生态宜居乡村建设提供资金保障。城市居民生活水平的提高和日益高涨的农村观光度假游的热情,助推了乡村农业和旅游业融合发展
一、二、三产业融合带动型	吉林省光东村 吉林省大荒地村 吉林省棋盘村 江苏省银杏村 江苏省康乐村	依托乡村特色山水林田湖资源禀赋,既发展特色休闲农村、观光旅游及相关的餐饮、住宿等服务业,又形成一批农产品深加工企业,带动村集体增收,为生态宜居乡村建设提供资金保障
种植结构优化带动型	江苏省陈家村 江苏省赵市村 江苏省乔杨社区	处于城市近郊区的乡村,转变农业种植结构,发展蔬菜、瓜果种植业,促进农民增收,壮大集体经济,为生态宜居乡村建设提供资金保障

① 孔祥智,卢洋啸.建设生态宜居美丽乡村的五大模式及对策建议——来自5省20村调研的启示[J].经济纵横,2019(1):19-29.

总之,党的十八大以来,美丽乡村建设遍地开花,全国各地涌现出许多美丽乡村建设模式和典型。美丽乡村建设不但改善了农村的生态与景观,而且打造出了一批知名的农产品品牌,促进了农村生态旅游的发展,带动了广大农民收入的增加。如今,全国各地美丽乡村建设还在持续推进,有的地区正在掀起美丽乡村建设的新一轮热潮。

三、打好农业面源污染防治攻坚战

化肥、农药等农业投入品过量使用,畜禽粪便、农作物秸秆和农田残膜等农业废弃物不合理处置,导致农业面源污染日益严重,加剧了土壤和水体污染风险。习近平总书记指出:"要加强农业面源污染治理,推动化肥、农药使用量零增长,提高农膜回收率,加快推进农作物秸秆和畜禽养殖废弃物全量资源化利用。"①打好农业面源污染防治攻坚战,确保农产品产地环境安全,是实现我国粮食安全和农产品质量安全的现实需要,是促进农业资源永续利用、改善农业生态环境、实现农业可持续发展的内在要求。

一是实施化肥农药零增长行动,有效降低化肥农药污染。2015 年 2 月 17 日,农业部发布《到 2020 年化肥使用量零增长行动方案》和《到 2020 年农药使用量零增长行动方案》,大力推进化肥减量提效、农药减量控害,积极探索产出高效、产品安全、资源节约、环境友好的现代农业发展之路。提出了目标任务:到 2020 年,初步建立科学施肥管理和技术体系,科学施肥水平明显提升。2015 年到 2019 年,逐步将化肥使用量年增长率控制在 1‰以内;力争到 2020 年,主要农作物化肥使用量实现零增长。到 2020 年,初步建立资源节约型、环境友好型病虫害可持续治理技术体系,科学

---

① 中共中央党史和文献研究院.习近平关于"三农"工作论述摘编[M].北京:中央文献出版社,2019:110.

用药水平明显提升,单位防治面积农药使用量控制在近三年平均水平以下,力争实现农药使用总量零增长。之后又将该目标写入《"十三五"国民经济和社会发展规划纲要》,使其上升为国家目标,而后又陆续采取了很多措施,全面推广测土配方施肥、农药精准高效施用。从 2015 年开展化肥农药使用量零增长行动以来,截至 2020 年底,中国化肥农药减量增效已顺利实现预期目标,化肥农药使用量显著减少,化肥农药利用率明显提升,促进种植业高质量发展效果明显。"一方面,各地加快集成推广化肥农药减量增效绿色高效技术模式,为化肥农药用量减少、利用率提升打牢了基础。2017 年以来,农业农村部开展有机肥替代化肥行动,推进高效低风险农药替代化学农药,2020 年有机肥施用面积超过 5.5 亿亩次,比 2015 年增加约 50%,高效低风险农药占比超过 90%。另一方面,科学施肥用药技术得到加快推广。目前,配方肥已占三大粮食作物施用总量的 60% 以上,推广机械施肥面积超过 7 亿亩次、水肥一体化 1.4 亿亩次。大力推进绿色防控和精准科学用药,2020 年绿色防控面积近 10 亿亩,主要农作物病虫害绿色防控覆盖率 41.5%,比 2015 年提高 18.5 个百分点。"[1]下一步,国家将推出更多举措,持续推进化肥农药减量化,推动农业生产方式全面绿色转型。

二是着力解决农田残膜污染,遏制农田"白色污染"发生。加快地膜标准修订,严格规定地膜厚度和拉伸强度,严禁生产和使用厚度在 0.01 毫米以下的地膜,从源头上保证农田残膜可回收。加大旱作农业技术补助资金支持,对加厚地膜使用、回收加工利用给予补贴。开展农田残膜回收区域性示范,扶持地膜回收网点和废旧地膜加工能力建设,逐步健全回收加工网络,创新地膜回收与再利用机制。加快生态友好型可降解地膜及地膜残留捡拾与加工机械的研发,建立健全可降解地膜评估评价体系。在重点地区实施全区域地膜回收加工行动,率先实现东北黑土地大田生产地膜零增长。2017 年 5 月 16 日,农业部印发《农膜回收行动方案》,构

---

① 高云才,郁静娴.化肥农药使用量零增长目标实现[N].人民日报海外版,2021-01-19.

建覆盖农膜生产、销售、使用、回收等环节的全程监管体系。近年来,各级农业农村部门深入实施农膜回收行动,不断强化制度建设、完善扶持政策、创新回收机制、强化监测考评,切实加大"白色污染"治理力度。以西北地区为重点扶持建设回收加工企业400余家、回收网点3000余个,初步构建了政府引导、市场主体的回收利用体系。在西北地区6个县开展了农膜回收区域补偿制度试点,探索将耕地地力补贴发放与农膜回收、保护耕地的责任相挂钩。推进500个农膜残留国控监测点建设,积极加密布设省控点,及时掌握污染动态变化趋势。农膜回收行动实施以来,西北重点地区农膜回收率稳定在80%以上,"白色污染"得到有效治理。① 农膜回收各项重点工作稳步推进,回收利用水平不断提高,为打好农业农村污染治理攻坚战、推进农业绿色发展提供了有力支撑。

三是深入开展秸秆资源化利用,解决秸秆露天焚烧问题。进一步加大示范和政策引导力度,大力开展秸秆还田和秸秆肥料化、饲料化、基料化、原料化和能源化利用。努力建立健全政府推动、秸秆利用企业和收储组织为轴心、经纪人参与、市场化运作的秸秆收储运体系,降低收储运输成本,加快推进秸秆综合利用的规模化、产业化发展。完善激励政策,研究出台秸秆初加工用电享受农用电价格、收储用地纳入农用地管理、扩大税收优惠范围、信贷扶持等政策措施。选择京津冀等大气污染重点区域,启动秸秆综合利用示范县建设,率先实现秸秆全量化利用,从根本上解决秸秆露天焚烧问题。据报道,近年内蒙古农业生产废弃物资源化利用水平显著提升,每年八成以上的秸秆实现了资源化利用。根据农牧结合的地区特点,近年内蒙古按照农用优先、就地就近的原则,以增加秸秆综合利用量和减少露天焚烧为目标,推动形成了秸秆收、储、运、用的利用模式。目前兴安盟等盟市秸秆实现了饲料化、基料化、肥料化、原料化、燃料化等多元综合利用,串起一条低碳环保、农牧民增收、企业增效的"绿色产

---

① 农业农村部:全国农膜回收行动推进会召开[EB/OL].[2020-11-09].http://www.gov.cn/xinwen/2020-11/09/content_5560040.htm.

业链"。2019年,内蒙古秸秆综合利用率达84％以上。[①]"十三五"期间,广西各级农业农村部门把秸秆综合利用作为农业农村高质量发展的重要举措来抓,成效明显。截至2020年底,全区秸秆综合利用率超过85％,水稻、玉米等主要农作物秸秆利用总量累计达8500万吨,推广综合利用模式技术面积2.3亿亩次,增收节支60多亿元,打造形成了一批具有区域特色、基地带动、规模发展、产业融合、制度创新的秸秆综合利用典型及模式。[②]从2012年起,连云港实行农作物秸秆全面禁烧。近年来,连云港东海县充分利用当地丰富的秸秆资源,形成了秸秆收购、加工、销售、运输一条龙。用秸秆编织的草帘、草绳、草袋、草包等产品销往山东、安徽等10多个省市的蔬菜主产区,催生了农业增效、农民增收的"产业链"。2020年,连云港全市秸秆收储主体114个,实现秸秆离田收储约135733公顷,秸秆打包离田79.3万吨,秸秆综合利用率达到97.42％,秸秆机械化还田率达83％。[③]

四是推进养殖污染防治,实现养殖业绿色发展。习近平总书记指出:"加快推进畜禽养殖废弃物处理和资源化。这项工作关系六亿多农村居民生产生活环境,关系农村能源革命,关系能不能不断改善土壤地力、治理好农业面源污染,是一件利国利民利长远的大好事。"[④]近年来,各地统筹考虑环境承载能力及畜禽养殖污染防治要求,按照农牧结合、种养平衡的原则,科学规划布局畜禽养殖。推行标准化规模养殖,配套建设粪便污水贮存、处理、利用设施,改进设施养殖工艺,完善技术装备条件,鼓励和支持散养密集区实行畜禽粪污分户收集、集中处理。在种养密度较高的地区和新农村集中区因地制宜建设规模化沼气工程,同时支持多种模式

① 内蒙古:八成以上秸秆实现资源化利用[EB/OL].[2020-11-01].http://www.xinhuanet.com/2020-11/01/c_1126684214.htm.

② 林学军.践行绿色发展理念 推进秸秆资源化利用[N].广西日报,2020-12-24.

③ 连云港:践行绿色理念 秸秆利用蹚出富民兴村路[EB/OL].[2021-02-01].http://www.js.xinhuanet.com/2021-02-01/c_1127051503.htm.

④ 中共中央党史和文献研究院.习近平关于"三农"工作论述摘编[M].北京:中央文献出版社,2019:109.

发展规模化生物天然气工程。因地制宜推广畜禽粪污综合利用技术模式，规范和引导畜禽养殖场做好养殖废弃物资源化利用。加强水产健康养殖示范场建设，推广工厂化循环水养殖、池塘生态循环水养殖及大水面网箱养殖底排污等水产养殖技术。2017年7月7日，农业部印发《畜禽粪污资源化利用行动方案(2017—2020年)》，提出的行动目标是，到2020年，建立科学规范、权责清晰、约束有力的畜禽养殖废弃物资源化利用制度，构建种养循环发展机制，畜禽粪污资源化利用能力明显提升，全国畜禽粪污综合利用率达到75%以上，规模养殖场粪污处理设施装备配套率达到95%以上，大规模养殖场粪污处理设施装备配套率提前一年达到100%。畜牧大县、国家现代农业示范区、农业可持续发展试验示范区和现代农业产业园率先实现上述目标。例如，在推进畜禽粪污资源化利用过程中，黑龙江省26个畜牧大县实施整县推进治污设施建设升级改造，51个非畜牧大县423个规模养殖场实施粪污治理项目。截至2020年，全省畜禽粪污综合利用率达到80.1%，规模养殖场粪污处理设施装备配套率达到97%。[1]

---

[1] 吴玉玺,刘嘉.黑龙江26个畜牧县治污设施升级改造 畜禽粪污综合利用率80.1%[EB/OL].[2021-08-04].https://heilongjiang.dbw.cn/system/2021/08/04/058693029.shtml.

第四章

农村生态文明建设面临的主要问题

改革开放以来,我国农村经济取得了长足发展。但随着农村经济的快速发展,高投入、高能耗、高污染、高排放的传统粗放的农村经济发展模式没有得到根本转变。虽然有些地区农村生态治理与环境保护成绩显著,但总体来看,许多生态环境问题日益凸现,农村生态环境令人担忧,一些村镇环境"脏乱差"、饮用水源水质下降、畜禽养殖污染、农村面源污染以及工业企业和城市污染向农村加速转移等问题还很突出,农村生态环境质量进一步恶化,这不仅威胁着人民群众的身体健康,而且制约了农村经济的进一步发展。

第一节　农村生态资源存在的主要问题

1939 年 12 月,毛泽东在《中国革命和中国共产党》一文中,以热情的笔触讴歌了中华民族的美好家园:"我们中国是世界上最大国家之一,它的领土和整个欧洲的面积差不多相等。在这个广大的领土之上,有广大的肥田沃地,给我们以衣食之源;有纵横全国的大小山脉,给我们生长了广大的森林,贮藏了丰富的矿产;有很多的江河湖泽,给我们以舟楫和灌溉之利;有很长的海岸线,给我们以交通海外各民族的方便。从很早的古代起,我们中华民族的祖先就劳动、生息、繁殖在这块广大的土地之上。"[1]在这块广袤的土地上,中华民族生生不息、世代繁衍。一部中华文明史,就是一部拓荒开垦史。从历史上看,人口数量过多与农业资源短缺,始终是中国传统农业社会发展的一对尖锐矛盾。到了 1949 年,中国的生态环境已经变得极其脆弱。之后,中国人口进入有史以来增长最快的时期。

---

① 毛泽东选集(第 2 卷)[M].北京:人民出版社,1991:621.

1949 年中国的总人口为 5.4 亿人,目前已经突破了 14 亿人。人口的迅速增长,使人与自然的矛盾越来越突出,越来越尖锐。特别是改革开放以来,随着经济的快速发展,我国农村的土地资源、水资源、矿产资源、生物资源等的不合理开发和利用,已造成日益严重的生态环境问题,我国已进入一个生态赤字急剧扩大的时期。

一、水土流失综合防治任务依然艰巨

水土流失是一种自然现象,是自然因素和人类活动影响造成的,无论是水力侵蚀、风力侵蚀,或是风水蚀交错,都有其复杂的成因和过程,有其客观规律。从概念上来说,水土流失是指在水力、风力、重力及冻融等自然营力及人类活动作用下,水土资源和土地生产力的破坏与损失。[1] 与之对应,水土保持在广义层面,是指为防治水土流失,保护、改良与合理利用水土资源,维护和提高土地生产力,减轻洪水、干旱和风沙灾害,以利于充分发挥水、土资源的生态效益、经济效益和社会效益,建立良好生态环境,支撑可持续发展的生产活动和社会公益事业[2];狭义层面,是指针对自然因素及人为活动造成水土流失所采取的预防和治理措施[3]。

在正常情况下,每 80～280 年就有 1 厘米厚表土被冲刷或风蚀。这与土壤自然形成速率基本一致。然而,随着人类农业活动的加强及过度的垦殖,可耕地土壤侵蚀问题日趋严重。目前,实际上每年由河流带到海洋的泥沙达 40 亿吨,还有几十亿吨侵蚀土壤在河湖和水库中沉积,另有几十亿吨土壤被风蚀。据一项研究表明,美国有 1/3 以上的耕地每公顷每年流失土壤达 75 吨以上。同时,人类对土地的随意开垦和对地表植被

① 中国大百科全书编委会.中国大百科全书·水利卷(20 册)[M].北京:中国大百科出版社,2009:590-591.
② 中华人民共和国水利部.水土保持术语[M].北京:中国标准出版社,2006:5-6.
③ 中华人民共和国水土保持法[M].北京:法律出版社,2010:2-3.

的破坏,也导致全球性沙漠化日趋严重。据联合国环境规划署估测,每年全世界有 700 万公顷农田遭到沙化……目前,全球陆地面积的 1/3,即 4500 万平方千米受到沙漠化的威胁,使 8.5 亿人的生活没有确实保障。耕地大量减少与人口的迅速增加形成鲜明对比。一些学者将这种世界重要农业资源的减少称为人类正面临的一场"宁静的危机"。因为这一过程是在人们不知不觉中发生的。而且,这一过程可以发生得很快,一场大暴雨和狂风就可以造成大面积水土流失。而一旦这种损失出现,治理和恢复往往需要几年、几十年甚至几代人的努力。[1]

自新中国成立到 20 世纪 80 年代末,全国水土流失面积呈增长趋势,增幅为 22.7%。20 世纪 80 年代末至 21 世纪初水土流失面积呈下降趋势,由 20 世纪 80 年代末的 367 万平方千米降到 2008 年的 356.92 万平方千米,减少 10 万多平方千米,减幅约为 3%,前后呈抛物线形发展趋势。其中,20 世纪 50~80 年代末,全国水蚀面积增长 19%,80 年代末至 2008 年减少 18 万平方千米,减幅为 10%,同样呈抛物线形发展态势。[2]

20 世纪 90 年代以来,我国每年新增水土流失面积约 1.5 万平方千米,新增水土流失量为 3 亿吨。[3] 由于水土流失,全国每年地表土流失量达 50 亿吨以上,相当于全国耕地每年被剥去 1 厘米厚的肥土层,损失的碳、磷、钾养分,相当于 4000 多万吨的化肥。我国农村每年流失的泥沙达 50 亿吨,这些土壤所含的养分,相当于全国每年的化肥产量。土壤肥力下降已成为发展粮食生产的严重障碍。[4]

由 2017 年水利部门提供的调研区域水土流失治理数据统计分析可知,东北黑土区由水蚀和风蚀造成的水土流失情况较为严重,最明显的表现是黑土层变薄,黑土层厚度由开垦初期的 0.8~1 米降低为 0.2~0.3

①　雍际春,张敬花,于志远,等.人地关系与生态文明研究[M].北京:中国社会科学出版社,2009:184.
②　李世东,陈幸良,马凡强,等.新中国生态演变 60 年[M].北京:科学出版社,2010:278.
③　中国国土面积近 4 成水土流失 亟待补偿机制[N].法制日报,2009-11-05.
④　中关村国际环保产业促进中心.新农村能源与环保战略[M].北京:人民出版社,2007:10.

米。一方面,东北黑土区水土流失面积为 27.59 万平方千米,占该区土地面积的 34%。其中由于过度开垦,大约 2/3 的耕地存在严重的水土流失、肥力下降等问题。同时,东北黑土区的侵蚀沟多达 25 万条,侵占耕地面积近 40 万公顷,主要发生在坡缓且坡面长的漫岗上,该区域由于高平台上坡缓容易集水,在雨量集中且土壤黏重的情况下,就会发生面蚀。另一方面,风蚀导致黑土层逐渐变薄变浅主要发生在春季干旱多风的中西部地区,面积达 3.36 万公顷。黑土区的气候特点是春季少雨多风,有"十年九春旱"之说。每年大于 4 级以上风的时间为 120～150 天,大于 6 级以上风的时间有 65～80 天,而且多集中在春季。目前黑土区普遍采用的仍然是耕翻整地、地表裸露休闲耕作的传统方式,每逢春季干旱大风时节,常形成"风增旱情、旱助风威"的情况,表层黑土极易随风移动,形成沙尘或者扬沙天气。水蚀和风蚀导致黑土层每年变薄 1 厘米左右,防风蚀、治水蚀在黑土区耕地生态环境保护中任务急迫而艰巨。[①]

虽然我国水土保持工作取得了举世瞩目的成就,但是水土流失综合防治任务依然艰巨。第一,全国水土流失依然严重。2020 年全国水土流失面积 269.27 万平方千米,占国土面积(未含香港、澳门特别行政区和台湾地区)的 28.15%。东北黑土区、西南石漠化地区土地资源保护抢救的任务十分迫切,革命老区、少数民族地区、贫困地区严重的水土流失尚未得到有效治理。第二,人为水土流失问题仍较突出。人为水土流失虽然得到了初步遏制,但重建设、轻生态、轻保护问题依然存在,仍需进一步加强人为水土流失防治和监督管理。第三,水土保持综合监管有待加强。水土保持政府目标责任制等尚未有效建立,水土保持工程建设管理等制度有待完善,科技支撑体系尚不健全,信息化水平急需提高,监管能力亟待增强。第四,社会公众水土保持意识尚需提高。水土保持宣教和科普工作虽然取得了很大成绩,但生产、建设过程中急功近利、破坏生态的情

① 刘洪彬,李顺婷,吴梦瑶,等.耕地数量、质量、生态"三位一体"视角下我国东北黑土地保护现状及其实现路径选择研究[J].土壤通报,2021(3):544-552.

况仍有发生,社会公众水土保持意识尚需提高。第五,水土流失防治投入尚不能满足生态建设需要。近年来国家水土保持投入明显增长,但水土流失防治任务仍然十分艰巨且治理难度逐步增大,水土流失防治投入仍不能满足生态建设需要。

可以说,水土流失是中国面临的头号环境问题。水土流失不仅造成土壤流失、土地贫瘠,使农民失去了大片赖以生存的土地资源,而且使河床升高,湖泊、水库淤积,洪水泛滥,灾害频繁,对农村的生产和生活带来了严重的威胁,对整个国家的经济建设造成了不可估量的损失。我国水土流失的治理任务仍然十分艰巨。如果水土流失面积扩大的趋势得不到控制,我国的生态环境尤其是农业生态环境就不可能得到根本改善。

二、耕地质量退化现象严重

耕地是我国最为宝贵的资源。人多地少,是我国的基本国情。20 世纪 80 年代至 90 年代中期的 15 年间,我国净减少耕地面积 540 万公顷,相当于减少了江苏省或吉林省的全部耕地。我国 1986 年颁布《土地管理法》,加强了对耕地资源的保护和管理,形势有所好转。目前,全国已有 666 个县突破了联合国粮农组织确定的人均 0.053 公顷的警戒线,其中有 463 个县的人均耕地不足 0.033 公顷。[①]

2013 年 12 月 23 日,习近平总书记在中央农村工作会议上的讲话指出:"十八亿亩耕地红线仍然必须坚守,同时还要提出现有耕地面积必须保持基本稳定。极而言之,保护耕地要像保护文物那样来做,甚至要像保护大熊猫那样来做。坚守十八亿亩耕地红线,大家立了军令状,必须做到,没有一点点讨价还价的余地!"还说:"这些年,工业化、城镇化占用了大量耕地,虽说国家对耕地有占补平衡的法律规定,但占多补少、占优补

---

① 严立冬,等.绿色农业导论[M].北京:人民出版社,2008:41.

劣、占近补远、占水田补旱田等情况普遍存在,特别是花了很大代价建成的旱涝保收的高标准农田也被成片占用。耕地红线不仅是数量上的,而且是质量上的。你在城郊占了一亩高产田,然后到山沟里平整一块地用作占补平衡,这两块地能一样吗? 质量相差甚远,这样的一亩地甚至二亩地不能顶一亩高产田用啊! 这不是'狸猫换太子'吗? 在耕地占补平衡上玩虚的是很危险的,总有一天会出事。"[①]下面以东北黑土地为例进行说明。

东北黑土地耕地数量减少趋势明显,建设占用是最大威胁。根据2018年土地利用变更调查数据统计分析可知,东北三省黑土区耕地面积为 2198.98 万公顷,占东北三省耕地总面积的 74.17%。耕地面积净减少6.71 万公顷,年均净减少 0.3%。其中,辽宁省净减少耕地数量最多,为3.31 万公顷;吉林省净减少耕地数量最少,为 1.45 万公顷;黑龙江省净减少耕地 1.95 万公顷,减少速度最慢,为 0.12%。耕地数量减少的主要原因是各类建设对耕地的占用,且补充耕地大多在黑土区外,致使黑土区内耕地数量净减少。通过实地调研也可以看出,辽宁省昌图县、铁岭县,吉林省公主岭市、农安县,黑龙江省克山县、拜泉县建设占用耕地3889.15公顷(5.83 万亩),占 6 个县(市)耕地减少总量的 83.37%,但同期在县域内实现耕地占补平衡的仅占 43.81%。黑土区内建设占用耕地速度过快、区域内耕地占多补少等因素导致黑土区内耕地数量净减少。所以不论过去还是将来,建设占用和"区内占区外补"始终是黑土耕地数量保护的最大威胁。

东北黑土地耕地质量退化现象严重,有机质补充缺乏是主要表现。根据2018年耕地等别更新统计数据分析可知,东北三省黑土区耕地质量总体偏低,最高等别为 6 等、最低等别为 14 等,其中 11 等耕地数量最多。6~8 等的高等地、9~12 等的中等地、13~14 等的低等地分别占黑土区

---

① 中共中央党史和文献研究院.习近平关于"三农"工作论述摘编[M].北京:中央文献出版社,2019:74-75.

耕地总面积的 1.06%、84.21%、14.73%。减少的耕地以 12 等为主,增加的耕地以 13 等为主,耕地总体质量有所下降。同时,根据农业部门提供的耕地地力评价结果可知,由于人们长期高强度利用耕地,黑土区耕地表层土壤有机质含量显著下降,黑土地已经不"黑"了。黑土区土壤有机质含量由 12% 下降到 1%~2%,土壤总孔隙度由 67.9% 下降到 52.2%,田间持水量由 57.7% 下降到 26.6%,水文性团粒由 58% 下降到 35.8%,土壤容重由 0.39 g·cm⁻³ 增加到 1.26 g·cm⁻³,85% 的耕地处于养分亏缺状态,而且以平均每年 0.1% 的速度下降。通过实地调研也发现,耕地质量退化与人们长期的不合理利用有直接关系。首先,黑土区从事农业生产的农户老龄化现象突出,虽然年龄大的农户具有丰富的农业生产经验,但是传统耕作模式已经不能满足现有黑土地保护的需要,对于新的耕作模式和技术措施的学习就非常必要,而年纪较大的农户学习能力相对较弱,接受新事物能力也会下降,因此,需要吸引更多年轻人加入黑土地保护队伍中。其次,土壤培肥措施不合理,农家肥和有机物的投入明显减少,大量化肥、农药和除草剂的施用,加速了土壤中的矿化速度,改变了土壤微生物,造成了土壤物理性质的恶化。同时,由于人们长期使用小机械耕作,秸秆粉碎深翻、深松和少耕免耕等保护性耕作技术没有得到很好的推广。[1]

资料显示,目前全国 1300 万~1600 万公顷耕地受到农药污染,近 1/4 陆地的表层土壤受到多种有毒污染物不同程度的污染。全国约 25% 的土壤处于警戒状况,污染比较严重的土壤占 5%。[2] 另据《2020 中国生态环境状况公报》显示:截至 2019 年底,全国耕地质量平均等级为 4.76

---

① 刘洪彬,李顺婷,吴梦瑶,等.耕地数量、质量、生态"三位一体"视角下我国东北黑土地保护现状及其实现路径选择研究[J].土壤通报,2021(3):544-552.

② 中国农业非点源污染控制工作组.中国农业非点源污染控制的政策建议.第三届中国环境与发展国际合作委员会,2004-04-05.

等。① 其中,1～3 等耕地面积约为 4213 万公顷,占耕地总面积的 31.24%;4～6 等约为 6313 万公顷,占 46.81%;7～10 等约为 2960 万公顷,占 21.95%。可见,中等地和低等地占全国耕地的 68.76%,质量总体较差。土壤肥力不是愈来愈高,而是愈来愈低,从而形成恶性循环。耕地的肥力主要存储于表层土。表层土的流失导致土壤肥力不断衰退、生产力不断下降。

据科学研究推算,在自然状态下要形成 1 米厚的土壤,需要 1.2 万年至 4 万年,即形成 1 厘米的土层需要 120 年至 400 年。黄土高原水土流失严重地区,现在每年要流失表土层 1 厘米以上,土壤流失速度比土壤形成速度快 120 至 400 倍。②

在干旱和半干旱地区,40% 的耕地存在不同程度的退化。盐渍化和酸化的发展突出。现在形成的盐渍化土地近 37 万平方千米,加上原生的盐渍化土地,面积已达 80 多万平方千米。③ 耕地一经盐渍化,农作物产量急剧下降,甚至弃耕。盐渍化是由不合理的耕作方式特别是不当的用水方式造成的。

三、荒漠化和沙化导致土地的生产潜力衰退

土地荒漠化是指在干旱、半干旱和易旱的半湿润地区,主要由于人类不合理的活动和气候变化等因素所造成的土地退化,包括土地沙漠化、草场退化、雨养农田和灌溉农田的退化、土壤肥力下降等导致土地生产潜力降低或丧失,其形成过程涉及风力侵蚀、火力侵蚀、盐渍化、涝渍化和化学

---

① 耕地质量等级评定依据《耕地质量等级》(GB/T 33469—2016),划分为 10 个等级,1 等地耕地质量最好,10 等地耕地质量最差。1～3 等、4～6 等、7～10 等分别划分为高等地、中等地、低等地。

② 王立彬.黄土高原形成与流失[N].人民日报海外版,2003-11-11.

③ 雍际春,张敬花,于志远,等.人地关系与生态文明研究[M].北京:中国社会科学出版社,2009:187.

污染等。

荒漠化使土地的生物生产潜力逐渐衰减或消失。仅以正在荒漠化的内蒙古东部、中部草原旱农地为例,荒漠化所造成的土地生产量及肥力的损失,每年为 4.456 亿~4.558 亿元。估计全国各类荒漠化土地年损失营养成分达 13.39 亿吨,相当于各种肥料共 46.7 亿吨。①

风沙危害不仅破坏了人类赖以生存的生态环境,而且直接影响着农业生产。目前,我国土地沙化的面积仍在继续扩大,每年都要毁灭相当于沿海地区两个中等县的国土面积,造成直接经济损失 540 多亿元。全国已有 66.7 万公顷耕地、235 万公顷草地成为流动沙地,有 2.4 万个村庄受到严重沙化危害,一些农牧民沦为"生态难民"。②

尽管从 2004 年到 2019 年,土地荒漠化和沙化面积连续 15 年实现了"双缩减",但我国依然是世界上受荒漠化、沙化危害最严重的国家之一,防治形势依然严峻。一是面积大,治理任务艰巨。我国境内有八大沙漠、四大沙地。全国荒漠化土地面积 261.16 万平方千米,沙化土地 172.12 万平方千米。2000 年以来,荒漠化土地仅缩减了 2.34%,沙化土地仅缩减了 1.43%,恢复速度缓慢。二是沙区生态脆弱,保护与巩固任务繁重。我国沙区自然条件差,自我调节和恢复能力差,植被破坏容易、恢复难。现有具有明显沙化趋势的土地 30.03 万平方千米,如果保护利用不当,极易成为新的沙化土地;已有效治理的沙化土地中,初步治理的面积占55%,沙区生态修复仍处于初级阶段,后续巩固与恢复任务繁重。三是导致荒漠化的人为因素依然存在。沙区开垦问题突出,5 年来沙区耕地面积增加 114.42 万公顷,增加了 3.60%;沙化耕地面积增加 39.05 万公顷,增加了 8.76%。超载放牧现象也很突出,2014 年牧区县平均牲畜超载率达20.6%。同时,还发生了向沙漠排污的事件。四是农业用水和生态用水矛盾凸显。农业用水挤占生态用水问题突出,塔里木河农业用水占比高

---

① 地球的"癌症"——土地沙化、荒漠化的危害[EB/OL]. [2009-06-08]. http://www. weather. com. cn/index/lssj/06/20897. shtml.

② 姜春云. 中国生态演变与治理方略[M]. 北京:中国农业出版社,2004:145.

达 97%；区域地下水位下降明显，科尔沁沙地农区地下水 10 年间下降了
2.07 米；内陆湖泊面积急剧萎缩，近 30 年内蒙古湖泊个数和面积都减少
了 30%左右。缺水对沙区植被保护和建设形成巨大威胁。[①] 因此，土地
荒漠化和沙化问题仍是当前我国最为严重的生态问题，是建设生态文明、
实现美丽中国的重点和难点。必须坚持保护优先、自然修复为主，严守沙
区生态红线，全面落实草原保护、水资源管理、沙化土地单位治理责任制，
推进沙化土地封禁保护区和国家沙漠公园建设。继续抓好京津风沙源二
期、三北防护林五期、退耕还林、退牧还草等重点生态工程建设，着力谋划
实施丝绸之路经济带、青藏铁路公路沿线和东北老工业基地等重点区域
的防沙治沙工程，引导各方面资金投入防沙治沙，加快治理步伐。

四、水资源短缺制约着农业生产

我国水资源严重短缺，人均水资源拥有量约为 2200 立方米，仅为世
界平均水平的 1/4、美国的 1/5，在世界上名列第 121 位，是全球 13 个人
均水资源最贫乏的国家之一。2010 年我国已进入严重缺水期，到 2030 年
全国将缺水 400 亿~500 亿立方米。[②] 不仅水资源短缺，而且水质污染十
分严重，水生态环境问题还很突出。据《2009 中国环境状况公报》显示：
全国地表水污染依然较重；湖泊（水库）富营养化问题突出；七大水系总体
为轻度污染，劣 V 类水质的断面为 18.4%，其中，黄河、辽河为中度污染，
海河为重度污染；滇池和巢湖的水质总体为劣 V 类，滇池环湖和巢湖环湖
河流总体为重度污染；全国废水排放总量为 589.2 亿吨，比上年增加
3.0%。《2017 中国生态环境状况公报》显示：就全国地表水而言，2017
年，1940 个水质断面（点位）中，Ⅰ、Ⅱ、Ⅲ类水质断面（点位）占 67.9%；

---

① 中国荒漠化和沙化状况公报[EB/OL].[2015-12-29]. http://www.forestry.gov.cn/main/
58/content-832363.html.
② 严立冬,等.绿色农业导论[M].北京:人民出版社,2008:41-42.

Ⅳ、Ⅴ类 462 个,占 23.8％;劣Ⅴ类 161 个,占 8.3％。与 2016 年相比,Ⅰ、Ⅱ、Ⅲ类水质断面(点位)比例上升 0.1 个百分点;劣Ⅴ类下降 0.3 个百分点。《2020 中国生态环境状况公报》显示:2020 年,全国地表水监测的 1937 个水质断面(点位)中,Ⅰ、Ⅱ、Ⅲ类水质断面(点位)占 83.4％,比 2019 年上升 8.5 个百分点;劣Ⅴ类占 0.6％,比 2019 年下降 2.8 个百分点。主要污染指标为化学需氧量、总磷和高锰酸盐指数。从这 3 年公报看,地表水污染治理成效显著,但水质状况仍不容乐观。

由于我国人口结构和经济结构的特点,长期以来,农业用水量占全国总用水量的绝大部分。工业和生活用水基本引自农林或灌溉水源地,农业用水逐渐被工业和生活用水挤占。其根本原因是单位水资源在工业和生活部门所产生的效益远远高于在农业部门所产生的效益。因此,随着我国社会工业化和人口城市化的不断发展,只要有比较利益的存在,农业用水的份额还将会继续下降。

由于农业水资源日益稀少,灌溉水短缺已成为制约我国农业生产持续发展的主要因素。与此同时,我国还有大量的劣质水没有得到安全和规范的利用。有资料表明,目前全国污水排放量已达 693 亿立方米,相当于黄河年径流量的 1.5 倍;预计 2030 年将增加到 850 亿～1060 亿立方米。同时,我国每年还有 130 亿立方米的微咸水资源。由于缺水,各地多年来已经在利用劣质水进行灌溉。据 2004 年统计,全国仅污水灌溉面积已达 361.8 万公顷,占有效灌溉面积的 6.4％。[①] 但是,不规范的劣质水利用方式,造成了对土壤和地下水环境的污染,也严重威胁着农产品的质量以及人民的身体健康。

五、矿产资源开发不当

矿产资源是人类赖以生存发展的重要物质基础,是工业生产的粮食。

[①] 钟燕平.我国劣质水灌溉有了安全控制指标[J].节水灌溉,2007(8):150.

我国 90％的能源、80％的工业原料都来自矿产资源。[①] 矿产资源是耗竭性资源,是不可再生资源,因此,这类资源的短缺是一种真正的资源危机,矿物资源问题被国外一些学者认为是未来经济增长面临的"极限问题"之一。

我国矿产资源主要存在以下问题。首先,供需矛盾十分突出。自新中国成立以来,我国矿产资源勘查开发确实取得了巨大成就。然而 20 世纪 90 年代以来,中国明显进入工业化经济高速增长阶段,许多矿产资源的消费增速接近或超过国民经济的发展速度,矿产资源的供需矛盾日益尖锐。其次,目前矿产资源对我国经济社会的保障程度呈现下降趋势。我国矿产资源现状中另一个不平衡的现象表现为,虽然我国总的矿产消费需求量在不断增加,但由于人口众多,我国人均矿产资源消费量却一直很低。

我国矿产资源虽然总量丰富,但人均占有量不足,仅为世界平均水平的 58％,居世界第 53 位。主要存在以下三个问题:一是支柱性矿产(如富铁矿)后备资源储量不足,而储量较多的则是部分用量不大的矿产(如钨、锡、钼等),这种结构不尽如人意;二是中小型矿床多,大型和特大型矿床少,支柱性矿产贫矿和难选矿多,富矿少,开采利用难度很大;三是资源分布与生产力布局不匹配,如煤炭,储量约有 74％集中在山西、陕西、内蒙古和新疆,而经济较发达的东南部地区则十分紧张,造成巨大的运输压力。[②]

在矿产资源开发利用过程中引起的环境破坏是多方面的。我国每年因采矿产生的废水、废液的排放总量约占全国工业废水排放总量的 10％以上,处理率仅为 4.23％。全国的选矿废水年排放总量约为 36 亿吨,很少达到工业废水排放标准。我国北方岩溶地区的煤、铁矿山每年排放矿坑水 12 亿吨,其中只有 30％左右经处理使用,其他都是自然排放。这些受污染的废水,直接或间接地污染了地表水、地下水和周围农田、土地,并

[①] 张安.要合理开发利用矿产资源[N].三门峡日报,2000-12-25.

[②] 雍际春,张敬花,于志远,等.人地关系与生态文明研究[M].北京:中国社会科学出版社,2009:188.

进一步污染了农作物。煤炭采掘业工业废气每年排放量约 4000 亿立方米,其中由燃烧排入大气的废气约 1700 亿立方米、烟尘 30 万吨以上、二氧化硫 32 万吨左右、甲烷 90 亿～100 亿立方米,使大气环境遭受一定程度的污染。我国因采矿直接破坏的森林面积累计达 106 万公顷,破坏草地面积为 2613 万公顷。全国矿山因采掘矿产及尾矿、废石堆积,直接破坏和占用土地 140 万～200 万公顷,并以每年 2 万公顷的速度增加;全国煤矸石堆存占地 1.6 万公顷。工矿废弃地复垦率不到 12％。由于矿井疏干排水,破坏了矿区水均衡系统,导致区域性地下水位下降,形成大面积的疏干漏斗,致使水资源短缺,影响了当地经济社会的可持续发展和群众的生产生活。[①]

六、森林资源贫乏引发农业生态系统退化

大兴安岭是我国著名的"林海",也是全国最大的国有天然林区。然而,昔日苍茫如海的原生森林,如今已难觅踪影,大多数林子已被伐得稀疏不堪,大径级的树木越来越少。

虽然我国森林覆盖率逐年增加,但增加的主要是人工林和中幼龄林,对保护和优化生态最为重要的天然林及生态效益明显的成熟林仍然不断减少,而且现存的天然林有一些也处于退化状态。森林资源的林种、龄组结构不够合理,亟待调整优化。"森林关系国家生态安全"[②]。森林资源贫乏,加剧了土壤侵蚀、水土流失,致使流域上游生态恶化,同时增加了河流的泥沙量,造成中下游河床抬高、淤塞。由于森林在生物圈中发挥着能量交换、水循环、维持氧与二氧化碳的平衡等重要作用,森林遭受破坏引起了全球性的气候变化。地区生态系统的退化,给农村经济发展带来了一

---

① 马静.矿产资源的开发利用与环境保护[J].资源开发与市场,2003(3):151-153.

② 中共中央文献研究室.习近平关于社会主义生态文明建设论述摘编[M].北京:中央文献出版社,2017:70.

系列灾难性的后果。

七、草地破坏制约着农牧业可持续发展

草地资源是自然资源的重要组成部分,蕴藏着能满足人类生活和生产需要的能量和物质,是维护陆地生态系统物质循环和能量流动的重要枢纽之一。

我国现有近 4 亿公顷的天然草原,约占我国陆地面积的 40.9%。从地理分布上来看,我国草原 41% 分布在北方,38% 分布在青藏高原,21% 分布在南方,北方和青藏高原以传统的天然草原为主,南方主要是草山、草坡。[①] 草原是我国陆地面积最大的天然系统,也是环绕东北、华北、西部最大的绿色屏障。但是,我国草原沙化、退化严重,生态功能下降,生态承载力减小。内蒙古在 1949 年以来,先后进行了 3 次草原资源普查,掌握了内蒙古草原资源 50 年来的变化情况。普查结果显示,随着时间的推移,草地面积不断缩小,可利用天然草地面积逐年下降。

国务院发展研究中心 2009 年发布的有关"国家草原项目效果评估与草原治理政策完善"的主题报告中指出:我国严重退化草原近 1.8 亿公顷,并以每年 200 万公顷的速度继续扩张,天然草原面积每年减少 65 万~70 万公顷,同时草原质量不断下降。约占草原总面积 84.4% 的西部和北方地区是我国草原退化最为严重的地区,退化草原已达草原总面积的 75% 以上,尤以沙化为主。

锡林郭勒盟 2006 年退化、沙化草场面积已达 1229.7 万公顷。20 世纪 90 年代至 2002 年期间,浑善达克沙地流动沙丘面积每年增加 1.43 万公顷,锡林郭勒盟草原生态屏障的作用明显削弱,成为威胁首都和华北地

---

① 赵磊磊,张英团,张良,等.我国草原调查监测现状、存在问题及对策分析[J].林业建设,2020
(6):8.

区生态安全的重要沙源地。玛曲草原对黄河"蓄水池"的水源涵养功能和黄河水量的补充作用正在削弱。堪称我国"条件最好草原之一"的呼伦贝尔草原,也出现不同程度的退化、沙化和盐渍化现象。据 2005 年调查结果显示,陈巴尔虎旗境内的呼伦贝尔草原退化、沙化、盐渍化"三化"总面积达 71.3 万公顷,占全旗草原总面积的 47%。[①] 草原生态环境的破坏,严重制约了我国农牧业的可持续发展。

第二节　农民生产生活环境存在的主要问题

随着农村经济的快速发展,农村生活污水、垃圾、农业生产及畜禽养殖废弃物排放量增大,农村生态环境虽然局部地区有所改善,但总体状况不容乐观、令人担忧,直接威胁着广大农民群众的生存环境与身体健康,制约着农村经济的健康发展。

一、村庄环境"脏乱差"问题还很突出

长期以来,广大农村地区生活垃圾、生活污水、畜禽养殖和农业废弃物任意排放的问题未引起高度重视,人畜粪便、生活垃圾和生活污水等废弃物大部分没有得到处理,随意堆放在道路两旁、田边地头、水塘沟渠或直接排放到河渠等水体中,使"污水乱泼,垃圾乱倒,粪土乱堆,柴草乱垛,畜禽乱跑""室内现代化,室外脏乱差"成为一些农村环境的真实写照。随

---

① 章力建.关于加强我国草原资源保护的思考[J].中国草原学报,2009(6):1-7.

着我国农村经济快速发展和消费方式转变,农村的生活垃圾排放量日益增长,生活垃圾类别日益复杂。由于村民居住分散和环保意识薄弱,加上政府资金长期投入不足,农村生活垃圾大部分得不到有效处理,严重污染了农村地区居住环境。

在农村的垃圾堆中,不乏商品包装废弃物、一次性用品、废旧电池等,呈现出和城市生活垃圾相同的特点。但"垃圾围村"与"垃圾围城"不同的是,农村缺乏生活垃圾处理系统,污水几乎全靠河流或湖泊稀释处理,污物大多露天堆放,生活垃圾正在使井水变绿、河水变臭、空气变污浊。由于生活垃圾成分相当复杂,既没有分类,也没有任何处理,甚至没有掩埋,散发的废气和造成的污染,给村民的生命健康带来了不可低估的危害。

二、城市污染向农村转移趋势仍在加速

近年来,随着我国现代化城镇化进程的加快、城市人口规模的扩大,以及产业梯级转移和农村生产力布局调整的加速,越来越多的开发区、工业园区特别是化工园区在农村地区悄然兴起,造成城镇工业废水、生活污水和垃圾向农村地区转移的趋势进一步加速,工业企业的废水、废气、废渣等"三废"超标排放已成为影响农村地区环境质量的主要因素。

根据生态环境部 2018 年 12 月公布的《2018 年全国大、中城市固体废物污染环境防治年报》可知,2017 年,202 个大、中城市生活垃圾产生量为 2.02 亿吨,较 2016 年均有所提高。由于大城市土地面积有限,大量垃圾只能运向农村寻找出路,未进行无害化处理的垃圾致使农村环境受到严重污染。一些城郊地区已成为城市生活垃圾及工业废渣的排放地,全国因固体废弃物堆存而被占用和毁损的农田面积已超过 13 万公顷。特别是乡镇企业,它们数量多、布局混乱、设备简陋、工艺陈旧、技术落后,绝大部分乡镇企业没有污染防治设施,导致污染危害日益突出,成为农村社会最大的污染源。

三、土壤污染严重威胁农产品安全

农业活动对土壤中污染物的含量影响很大。农业活动包括农药和肥料的施用、农用地膜等化学产品的使用、灌溉水质和方式以及农业生产的复种指数等因素。长期过量使用化肥、农药和农用地膜等农用化学品,不合格的灌溉污水和不合理的农田漫灌方式,加上高复种指数等因素,极易造成土壤和农产品污染,使污染物在土壤中大量残留,直接影响土壤生态系统的结构和功能,使生物种群结构发生改变,生物多样性减少,土壤生产力下降,土壤理化性质恶化,影响作物生长,造成农作物减产和农产品质量下降,对生态环境、食品安全和农业可持续发展构成威胁。土壤污染的总体形势相当严峻。据不完全调查,目前全国受污染的耕地约有1000万公顷,占耕地总面积的1/10以上,其中多数集中在经济较发达地区。

据《2020中国生态环境状况公报》显示,农用地土壤污染状况详查结果表明,全国农用地土壤环境状况总体稳定,影响农用地土壤环境质量的主要污染物是重金属,其中镉为首要污染物。

从表4-1可以看出,化肥施用量、农用塑料薄膜使用量、农用柴油使用量、农药使用量四类资源使用量大,2019年与2018年相比,虽然各项指标都略有减少,但总体稳定。化肥、农药和农膜利用率低,对土壤的污染很大。

表 4-1　农用化肥、农膜、柴油和农药使用量

指标	单位	1990 年	1995 年	2000 年	2016 年	2017 年	2018 年	2019 年
化肥施用量 (折纯量)	万吨	2590.3	3593.7	4146.4	5984.4	5859.4	5653.4	5403.6
氮　肥	万吨	1638.4	2021.9	2161.6	2310.5	2221.8	2065.4	1930.2
磷　肥	万吨	462.4	632.4	690.5	830.0	797.6	728.9	681.6
钾　肥	万吨	147.9	268.5	376.5	636.9	619.7	590.3	561.1
复合肥	万吨	341.6	670.8	917.9	2207.1	2220.3	2268.8	2230.7

续表

指标	单位	1990 年	1995 年	2000 年	2016 年	2017 年	2018 年	2019 年
农用塑料薄膜使用量	万吨	48.2	91.5	133.5	260.3	252.8	246.7	240.8
地膜使用量	万吨	—	47.0	72.2	147.0	143.7	140.9	137.9
地膜覆盖面积	千公顷	—	6493.0	10624.8	18401.2	18657.2	17764.7	17628.1
农用柴油使用量	万吨	—	1087.8	1405.0	2117.1	2095.1	2003.4	1934.0
农药使用量	万吨	73.3	108.7	128.0	174.0	165.5	150.4	139.2

资料来源：国家统计局农村社会经济调查司. 中国农村统计年鉴 2020[M]. 北京：中国统计出版社，2020:42.

土壤污染致使许多地方的作物明显减产。土壤的污染主要集中在土壤表层，而作物根系也主要生长在土壤表层。作物吸收和利用土壤表层中的营养物时，同时吸收了土壤中的污染物，使农作物体内的污染物含量增加，从而降低其营养成分，影响其质量与产量，最后污染物通过食物链进入人体，对人体健康构成危害。在我国，当年高残留有机氯类农药的大量生产与使用，使得其在土壤、粮食、果蔬和畜产品中的残留量曾高居世界首位。[1] 土壤污染还会影响农产品出口，降低国际竞争力。20 世纪 90 年代以来，因农药残留和重金属含量超标，农产品出口被外方退货、索赔和终止合同的事件时有发生，部分传统大宗农产品也被迫退出国际市场。特别是我国加入世界贸易组织以后，发达国家对我国出口农产品要求提高，出口压力增大。

由于土壤污染具有累积性、滞后性、不可逆性，治理难度大、成本高、周期长，它将长期影响经济社会的发展。土壤污染问题已经成为影响群众身体健康、损害群众利益、威胁农产品安全的重要因素。

---

[1] 中国土壤污染形势严峻：已通过食物链进入人体[EB/OL]. [2009-03-04]. https://www.chinanews.com/gn/news/2009/03-04/1587352.shtml.

四、农村大气污染和水污染严重危害人体健康

长期以来,我国农村空气质量总体好于城市地区,但乡镇企业点多面广,企业集约化程度低,污染治理水平相对落后,污染排放量较大。随着城市区域环境综合整治工作的推进,一些焦化、冶金、建材等污染企业不断向农村和经济落后地区迁移,污染也随之转移。由于基层环保部门监测能力严重不足,对污染源的监督力度不够,一些乡镇工业排放有味、有害气体,严重影响周围农民生产生活,由此引起的投诉明显增多。空气污染对人体的健康危害显而易见,不但可以造成急性中毒,还能使某些空气传播的疾病(如流感等)更加容易流行,更易诱发呼吸道的各种炎症,导致慢性阻塞性肺部疾患的发生。

严重的大气污染使我国一些农村地区告别了蓝天白云。污浊的大气影响了日光照射到地面的时间,使某些空气传播的疾病(如流感等)更加容易流行。空气污染还会形成酸雨。酸雨在国外被称为"空中死神",是指 pH 小于 5.6 的雨、雪或以其他形式出现的大气降水。出现的主要原因是工业生产排放的大量二氧化硫和氮氧化物经过复杂的转化生成硫酸、硝酸,最后随雨、雪降落到地面形成酸雨。20 世纪 80 年代,我国酸雨面积达 170 万平方千米,主要发生在以重庆、贵阳和柳州为代表的川、黔和两广地区。到了 20 世纪 90 年代中期,酸雨面积扩大了 100 多万平方千米,以长沙、赣州、南昌、怀化为代表的华中酸雨区成为全国酸雨污染最严重的地区。[1] 到了 21 世纪,这一状况出现了可喜的变化。《2017 中国生态环境状况公报》显示:我国酸雨区面积约 62 万平方千米,占国土面积的 6.4%,比 2016 年下降 0.8 个百分点;其中较重酸雨区面积占国土面积的

---

① 王秀红.伦理视域下的美丽乡村生态治理研究[M].武汉:武汉大学出版社,2019:33.

比例为 0.9%。《2020 中国生态环境状况公报》显示的各项指标都有所下降:2020 年,酸雨区面积约 46.6 万平方千米,占国土面积的 4.8%,比2019 年下降 0.2 个百分点,其中较重酸雨区面积占国土面积的比例为0.4%。酸雨主要分布在长江以南—云贵高原以东地区,主要包括浙江、上海的大部分地区、福建北部、江西中部、湖南中东部、广东中部、广西南部和重庆南部。酸雨具有较大的腐蚀性,会导致土壤酸化或土壤结构改变,进而导致土壤贫瘠,影响动植物生长和人体健康;江河湖水酸化,会导致鱼类死亡,还可能引起植物虫害和森林虫害的发生;腐蚀建筑物,造成居民生活卫生条件下降。

农村地区水污染也严重地影响人们的生活和身体健康。20 世纪 90年代以来,"癌症高发村"或"癌症村"频繁出现在公共媒体上,引起广泛关注。"癌症村"是指癌症发病率或死亡率显著高于同期全国平均水平的村落。[①] 2013 年 2 月 7 日,环境保护部发布的《化学品环境风险防控"十二五"规划》指出:近年来,我国一些河流、湖泊、近海水域及野生动植物和人体中已检测出多种化学物质,局部地区持久性有机污染物和内分泌干扰物质浓度高于国际水平,有毒有害化学物质造成多起急性水、大气突发环境事件,多个地方出现饮用水危机,个别地区甚至出现"癌症村"等严重的健康和社会问题。这是我国政府部门文件中首次出现"癌症村"一词,表明这一问题已受到政府关注,但"癌症高发村"问题尚未得到彻底解决。

从产生时间上看,截至 2017 年底,全国累计产生了 387 个"癌症高发村"(不含台湾地区和香港、澳门特别行政区)。其中,确认了 261 个"癌症高发村"的产生时间段。1984 年前与 2005 年后产生的"癌症高发村"数量较少,1985—2004 年间新增数量占总数的 78.16%(见表 4-2)。

---

① 龚胜生,张涛. 中国"癌症村"时空分布变迁研究[J]. 中国人口·资源与环境,2013(9):156-164.

表 4-2 我国"癌症高发村"产生时间段

时间段	产生的"癌症高发村"数量/个	百分比/(%)
1979 年前	28	10.73
1980—1984	14	5.36
1985—1989	33	12.64
1990—1994	66	25.29
1995—1999	42	16.09
2000—2004	63	24.14
2005—2009	13	4.98
2010—2017	2	0.77

从空间分布上看,387 个"癌症高发村"分布于我国大陆 28 个省(自治区、直辖市),占大陆省级行政区域的 90.32%,甘肃、青海、西藏 3 个省区尚未发现"癌症高发村"。大陆地区平均每省份 13.82 个,数量在平均值以上的有江苏、浙江、河北、山东、广东、河南、湖南、安徽、江西 9 个省。东部地区 208 个(53.75%),中部地区 128 个(33.07%),西部地区 51 个(13.18%)(见表 4-3)。

表 4-3 各省份"癌症高发村"数量及密度

东部省份	数量/个	密度/(个/万平方千米)	中部省份	数量/个	密度/(个/万平方千米)	西部省份	数量/个	密度/(个/万平方千米)
河北	48	2.55	河南	42	2.51	重庆	10	1.21
山东	38	2.42	湖南	29	1.37	四川	10	0.19
广东	31	1.72	安徽	19	1.36	内蒙古	9	0.08
江苏	30	2.92	江西	17	1.02	陕西	8	0.39
浙江	26	2.55	湖北	11	0.59	云南	7	0.18
海南	11	3.24	山西	10	0.64	贵州	4	0.23
辽宁	8	0.54				宁夏	1	0.15
福建	6	0.48				广西	1	0.04
天津	3	2.52				新疆	1	0.01

东部省份/个	数量/个	密度/(个/万平方千米)	中部省份	数量/个	密度/(个/万平方千米)	西部省份	数量/个	密度/(个/万平方千米)
黑龙江	3	0.06				甘肃	0	0
上海	2	3.17				青海	0	0
北京	1	0.61				西藏	0	0
吉林	1	0.05						

从环境状况因素分析可知:"癌症高发村"产生的直接原因有环境污染、生活方式、自然条件与其他原因等四个方面。其中,环境污染原因 336 个(94.65%),生活方式原因 11 个(3.10%),自然条件原因 7 个(1.97%),其他原因有 1 个(0.28%)。确认了 338 个村庄的污染类型:水污染 318 个(94.08%);空气污染 163 个(48.22%);土壤污染 31 个(9.17%);食物污染 15 个(4.44%);其他污染 6 个(1.78%)。"癌症高发村"的环境污染往往是水、土壤、空气的多种污染,其中以水污染最为普遍。[①]

五、农业生产废弃物综合利用率低

随着我国农业生产能力大幅度提高,畜禽养殖业污水、粪便、作物秸秆以及残留农膜等农业生产过程中产生的废弃物大量增加。调查显示,我国大多数养殖场粪便、污水的贮运和处理能力不足,许多规模化养殖场没有污染防治设施,大量粪便、污水未经有效处理直接排入水体,造成严重的环境污染。

研究表明,我国每年的农业废弃物产生量巨大,但地区之间利用率差

---

① 石方军.我国"癌症高发村"的产生时间、空间分布及影响因素[J].医学与社会,2020(2):70-73.

异较大。据农业部统计分析,中国畜禽粪污 2016 年产生量约为 38 亿吨,有 40% 未有效处理和利用,成为农业面源污染的主要来源之一;中国农作物秸秆理论资源量为 9.95 亿吨,可收集资源量为 8.29 亿吨,利用量为 6.69 亿吨,综合利用率达到 80.6%;中国农膜 2015 年总用量达 260 多万吨,回收利用率不足 2/3。据国家统计局统计,中国农药 2015 年使用量达 178.3 万吨,经估算农药施用后废弃农药塑料包装瓶数量达 300 多亿个,约 10 万吨。[1] 从全国范围来看,地区之间的农业废弃物资源化利用存在差异。就种植业而言,我国东部地区及粮食主产区农业废弃物综合利用率达到 90% 以上,其中作物秸秆作为饲料的比重为 30% 左右,其余大部分则通过就地还田以及秸秆堆沤等方式实现秸秆资源化利用;就养殖业而言,有的地区粪污处理综合利用率能达到 80% 以上,主要是依靠沼气工程、肥料化处理实现畜禽粪污的就地消纳。[2]

有资料显示,2010 年全国禽畜养殖业的化学需氧量、氨氮排放量分别达到 1184 万吨、65 万吨,分别占全国排放总量的 45%、25%,分别占农业源排放量的 95%、79%。[3] 这一数据告诉我们,禽畜养殖业污染已经成为农业源排放中最重要的因素,是农村环境污染的最大制造者。禽畜粪便会产生有毒有害气体,主要成分有甲烷、有机酸、氨、硫化氢等,使得空气恶臭难闻,影响人居环境。因此我国从 2012 年起,已经把禽畜养殖业污染作为污染物减排目标之一,进行重点治理。另外,随着科学技术的发展,农膜在农业生产中得到推广应用。截至 2011 年,我国每年约有 50 万吨农膜残留在土壤中,残膜率达 40%。[4] 大量残留的农膜破坏土壤耕作层的结构,土壤的通气性和透水性降低,抑制土壤微生物活力,造成农田"白色污染"。关于小麦、水稻、玉米、薯类、油料、棉花、甘蔗和其他杂粮等

---

① 赵娜娜,滕婧杰,陈瑛.中国农业废弃物管理现状及分析[J].世界环境,2018(4):44-47.

② 严铠,刘仲妮,成鹏远,等.中国农业废弃物资源化利用现状及展望[J].农业展望,2019(7):62-65.

③ 畜禽养殖污染被低估 中国 45% COD 系其排放[EB/OL].[2013-01-04]. https://china.caixin.com/2013-01-04/100479637.html.

④ 蒋高明.中国生态环境危急[M].海口:海南出版社,2011:60.

农作物秸秆,虽然 1999 年 4 月国家环保总局等部门就发布了《秸秆禁烧和综合利用管理办法》,但直到 20 年后还有很多农民无视这一规定,每到夏收或者秋收的时候,还在露天焚烧秸秆。据《2020 中国生态环境状况公报》显示,2020 年,卫星遥感共监测到全国秸秆焚烧火点 7635 个(不包括云覆盖下的火点信息),主要分布在吉林、内蒙古、黑龙江、辽宁、山西、河北、山东、新疆、广西、甘肃、河南等省(自治区)。秸秆焚烧不但污染大气环境,而且容易引起火灾,造成重大人身伤亡和财产损失。

农业生产废弃物种类多、数量大。随着时代的发展,我国农业废弃物的种类变得越来越复杂多样,处理难度越来越高,处理成本也会越来越大。此外,随着乡村振兴战略的不断推进,城镇化率还在提高,农村剩余劳动力不断涌入城市,农村劳动力不断减少,农业废弃物处理人员严重不足,这也是农业废弃物综合利用面临的挑战之一。

六、农业面源污染问题突出

面源污染是相对于点源污染而言的,是我国农村突出的环境问题。点源污染主要指工业生产过程中与部分城市生活中产生的污染物,这种污染形式具有排污点集中、排污途径明确等特征。农业面源污染是最为重要且分布最为广泛的非点源污染。狭义上说,是指在农业生产生活过程中,氮素和磷素等营养物质、农药以及其他有机或无机污染物质,通过农田地表径流、农田排水和地下渗漏,形成水环境的污染;广义上说,是指人们在农业生产和生活过程中产生的、未经合理处置的污染物对水体、土壤和空气及农产品造成的污染。农业面源污染具有发生时间的随机性、发生方式的间歇性、机理过程的复杂性、排放途径及排放量的不确定性、污染负荷时空变异性和监测、模拟与控制困难性等特点。[①]

---

① 潘丹,孔凡斌.中国农村突出环境问题治理研究[M].北京:中国农业出版社,2019:20.

当前我国化肥施用存在以下四个方面的问题。一是施用量偏高。我国农作物化肥用量平均每公顷 328.5 千克,远高于世界平均水平(120 千克/公顷),是美国的 2.6 倍、欧盟的 2.5 倍。二是施肥不均衡现象突出。东部经济发达地区、长江下游地区和城市郊区施肥量偏高,蔬菜、果树等附加值较高的经济园艺作物过量施肥比较普遍。三是有机肥资源利用率低。目前,我国有机肥资源总养分 7000 多万吨,实际利用不足 40%。其中,畜禽粪便养分还田率为 50% 左右,农作物秸秆养分还田率为 35% 左右。四是施肥结构不平衡。"三重三轻"(重化肥、轻有机肥,重大量元素肥料、轻中微量元素肥料,重氮肥、轻磷钾肥)问题突出。传统人工施肥方式仍然占主导地位,化肥撒施、表施现象比较普遍,机械施肥仅占主要农作物种植面积的 30% 左右。

农药是重要的农业生产资料,对防病治虫、促进粮食和农业稳产高产至关重要。多年来,因农作物播种面积逐年扩大、病虫害防治难度不断加大,农药使用量总体呈上升趋势。据统计,2012—2014 年农作物病虫害防治农药年均使用量 31.1 万吨,比 2009—2011 年增长 9.2%。另据《2020 中国生态环境状况公报》显示:2020 年,水稻、玉米、小麦三大粮食作物化肥利用率为 40.2%,农药利用率为 40.6%。畜禽粪便综合利用率为 75.0%。全国秸秆综合利用率 86.7%。全国农膜回收率为 80.0%。化肥和农药利用率尽管有所上升,但利用率低的状况没有得到根本改变。这些数据表明,化肥和农药接近 60% 都作为污染物排入环境之中了,造成农田土壤污染,使得我国土壤在几千年的连续耕作中使用家畜粪便和秸秆还田所保持的肥力和健康,在短短几十年就出现了明显的下降,全国土壤有机质含量不到 1%。[①] 化肥和农药的过量使用还会影响农田周边的河水,它们进入到水循环系统,导致水体的有机污染、富营养化,甚至引发地下水污染和大气污染,造成耕地板结、土壤酸化,带来生产成本增加、农产品残留超标、作物药害、环境污染等问题。

---

① 郭琰.中国农村环境保护的正义之维[M].北京:人民出版社,2015:4-5.

综上所述,我国农村生产与生活中存在的这些环境问题,严重威胁着广大农民群众的身体健康,制约了农村经济的进一步发展。这些环境问题如果不能得到及时解决,必将影响美丽乡村建设和全面建设社会主义现代化国家总体目标的实现。

第三节 农村能源建设存在的主要问题

农村能源涵盖了农村地区的能源生产和消费,涉及农村地区工农业生产和农村生活多个方面。在我国,农村能源主要有生物质能、水能、太阳能、风能、地热能等可再生能源,以及煤炭、电力等商品能源。改革开放以来,我国农村经济发展迅速,农村能源建设也取得较快发展。我国农村能源开发利用虽然取得了巨大成就,但从农业和农村绿色发展的需求来看,还存在着许多亟待解决的问题。

一、农村能源消费水平低

农村能源的生产与消费是我国能源战略的重要组成部分。从总量上看,农村能源的消费总量占全国能源消费总量的比例从 1998 年的 50.84% 减少到 2006 年的 37.1%,农村人均生活用能不到城镇的一半。2006 年,城市人均生活用电量约为 400 千瓦时,而农村平均生活用电量不足 100 千瓦时,农村用电水平明显偏低。[①] 国家统计局数据显示,全国有

---

① 罗国亮,刘志亮.全面建设小康社会的农村能源战略[J].高科技与产业化,2008(12):8-9.

20%的农村家庭的人均年可支配收入低于 3300 元。[①] 相当一部分农村家庭因收入水平不高,不得不耗费大量时间收集柴草,或者购置价低但质劣的散烧煤作为家庭燃料。在少数燃气供应已经到位的地区,这部分低收入家庭也不愿或较少使用价格较高的燃气。[②] 另有资料显示,2016 年,我国农村能源消耗量为 6.68×10^8 吨标准煤,占全国能源消耗总量的 20.6%,而可再生能源利用量为 1.45×10^8 吨标准煤,仅占农村能源消耗量的 21.7%,可见,我国农村能源消耗大部分仍使用传统能源,可再生能源利用率不高。[③]

在现代社会中,人类要维持最低限度的温饱,每人每年仍需 0.6 吨标准煤的能源。目前农村人均能耗为 0.7 吨标准煤,据研究,小康水平的人均能耗至少需要 1.6 吨标准煤。因此,两者差距甚远。[④] 农村生活用能短缺的问题,特别是农民烧柴问题依然没有得到缓解。生活用能短缺往往导致农民过度开发薪柴,造成森林的过度采伐,据研究,烧掉的薪柴是现有林木合理提供薪柴量的两倍。森林植被破坏较大,水土流失严重,又导致森林和植被等生物质资源的再生产减少,农村生活用能进一步短缺,形成恶性循环,严重制约了农村社会经济的可持续发展。

二、农村能源消费结构性矛盾突出

我国农村能源消费以煤和生物质能为主,石油、天然气等优质能源的比例很小。农村商品能源和清洁能源的发展,使得传统的能源载体(如秸秆、畜禽粪便等)因缺乏利用而对河流、地下水及农村空气环境造成了新

---

① 国家统计局.中国统计年鉴(2018)[M].北京:中国统计出版社,2018:183.
② 廖华.中国农村居民生活用能现状、问题与应对[J].北京理工大学学报(社会科学版),2019(2):2-3.
③ 孙若男,杨曼,苏娟,等.我国农村能源发展现状及开发利用模式[J].中国农业大学学报,2020(8):163-173.
④ 中关村国际环保产业促进中心.新农村能源与环保战略[M].北京:人民出版社,2007:168.

的污染。

20世纪80年代初,中国农村生活用能约为2.6亿吨标准煤,其中约0.4亿吨属商品能源,2.2亿吨属非商品能源(以秸秆和柴薪等生物能源为主)。20世纪80年代以后,尤其是进入21世纪后,国家实施的农村"四通"(通电、通水、通路和通信)工程以及近年实施的通气(天然气)、通车(公交车)工程,国家扶贫工程和乡村振兴规划,推动我国农业农村生产生活方式不断变化,农村生产组织形式和农业生产结构不断调整,生态环境整体持续改善,农业、农村能源利用形式多样。根据农业农村部相关数据可知,2018年我国农村能源消费量约为5.62亿吨标准煤。其中,商品能源消费量为4.26亿吨标准煤,较2010年增加2.65亿吨;非商品能源消费量为1.36亿吨标准煤,较2010年减少3300万吨,商品能源占比大幅上升;农村生活用能3.16亿吨标准煤,农村生产用能2.45亿吨标准煤,煤炭、电力、石油、薪柴、秸秆分别占36.9%、17.4%、14.9%、11.7%、8.8%。

2017年,秸秆、柴薪等非商品能源在农村生活用能中占比达48.4%,但利用方式粗放、利用效率低,大部分直接燃烧,产生大量烟尘,造成环境污染和雾霾加重。农村生产、生活散烧煤消耗总量近1亿吨,散烧煤质量差、灰分硫分高,又多是超低空直排,成为大气污染物的重要来源。全国畜禽规模养殖场仅28万家,占养殖场户总量的比例不足1%。畜禽养殖规模化程度低,废弃物收集、储运及利用难度较大。即便是大型规模养殖场,其粪污处理设施装备配套率也仅为82%。

我国农村能源消费结构清洁化、现代化的压力巨大。由于农村用能结构不合理,薪柴消耗过大,生态环境日趋恶化,严重影响农民生活质量的提高和农村经济的可持续发展。以黑龙江为例,用于生活能源的80%为直接燃烧生物质能源,全省秸秆总量的60%被用作燃料,农村生活用能中的55%为燃烧秸秆。2004年,全省农村燃烧的秸秆实物量为2500万吨,薪柴(包括可用木材)实物量为700万吨。随着奶牛饲养量的急剧增加,农村燃料、饲料、肥料"争嘴"的问题也更为突出,导致生活能源不足。[1]
随着农村经济的发展,我国农村用能向商品能源转化将是必然的发展
趋势。

三、农村新能源和可再生能源利用效率低

传统生物质能在农村能源消费中一直占据主要地位,新型能源的利
用所占比例较小。对传统生物质能直接燃烧的方式,不但严重污染环境,
而且破坏了植物营养元素和有机质,是一种落后的能源利用方式,能源利
用效率仅为 10%～20%,远远低于城市商品能源的利用效率。

近年来,随着农民生活水平的提高,优质的商品能源(如液化气等),
对薪柴、秸秆等传统能源的替代进一步加快,传统生物质能源被遗弃的现
象越来越多。生物质汽化、炭化技术在农村尚处于试点应用阶段,粪便资
源大部分直接用作肥料,用于沼气开发的数量,仅占可利用总量的很小一
部分。太阳能利用虽已市场化,但还需进一步加强市场推广和开发力度,
地热能应用技术尚处于试点阶段,技术开发体系与服务网络尚未形成。

以太阳能的开发和利用为例。2016 年,国家能源局正式将农业光伏
纳入光伏扶贫项目的行列。光伏发电就是借助光伏转换技术,将太阳能
转变为电能,为农村地区的生产、生活提供电能。在社会主义新农村建设
过程中,应大力推广太阳能热水器、太阳灶、太阳能光伏发电,使用太阳能
代替不可再生能源,从而在满足广大农民用能需求的同时,有效控制能源
消耗成本,保护农村生态环境。与煤炭等不可再生能源不同,太阳能资源
具有良好的清洁性特征,在农村大力推广太阳能热水器、太阳灶、太阳能
光伏发电,可以改善农村用能结构,满足广大村民在日常洗浴、炊事、取暖
等方面的需求。太阳能热水器、太阳灶、太阳能光伏发电具备无污染且性

---

[1]　中关村国际环保产业促进中心.新农村能源与环保战略[M].北京:人民出版社,2007:169.

价比高的特征,不需要任何燃料,就能解决农村用能问题,还可以有效控制能源消耗成本。因此,应该加强宣传和科普,提高农村地区新能源和可再生能源的利用率。

四、农村能源资源禀赋对能源效率区域化差异的 影响明显

我国能源资源储量地区性差异很大,总体上来说,东部地区能源资源储量相对较少,广大中西部地区能源资源储量丰富。以煤炭储量为例,东部 10 省市的煤炭储量约为 244.71 亿吨,而中部 6 省和西部 11 省市(不包括西藏)的煤炭储量分别为 1372.56 亿吨和 1650.45 亿吨,分别是东部煤炭储量的 5.61 倍和 6.74 倍。[①] 东部地区能源的相对紧缺使得农村更加注重能源的节约利用;而中西部地区农村由于自身资源相对丰富,能源的使用效率普遍偏低,浪费比较严重。

按照农村能源商品化和优质化程度衡量,从传统农区到发达地区,随着经济发展水平的提高,农村能源的商品化和优质化程度均呈明显提高态势。从传统牧区到传统农区再到发达地区,电力和燃气消费的比重越来越高。从传统农区到发达地区,煤炭和薪柴的相对地位明显下降,成品油的相对地位则明显提高。

2017 年 12 月 16 日发布的《第三次全国农业普查主要数据公报》显示,2016 年第三次全国农业普查对 23027 万农户的生活条件进行了调查,农民做饭、取暖使用的能源中,主要使用电的 13503 万户,占 58.6%;主要使用煤气、天然气、液化石油气的 11347 万户,占 49.3%;主要使用柴草的 10177 万户,占 44.2%;主要使用煤的 5506 万户,占 23.9%;主要使

用沼气的 156 万户,占 0.7%;使用其他能源的 126 万户,占 0.5%;主要使用太阳能的 56 万户,占 0.2%。

从表 4-4 可见,东部地区多处于沿海地带,经济发达,能源使用较其他地区更加多元化,所占比重由多到少依次为:煤气、天然气、液化石油气,电,煤,柴草,沼气,太阳能,其他;中西部地区地域辽阔、人口众多,农户多使用电;西部柴草的使用量较大,其次为电。总体上看,能源消费结构不断改善,但沼气和太阳能等可再生能源所占比重明显过小。

表 4-4   农村地区主要生活能源构成   （单位:%）

	全国	东部地区	中部地区	西部地区	东北地区
柴草	44.2	27.4	40.1	58.6	84.5
煤	23.9	29.4	16.3	24.8	27.4
煤气、天然气、液化石油气	49.3	69.5	58.2	24.5	20.3
沼气	0.7	0.3	0.7	1.2	0.1
电	58.6	57.2	59.3	59.5	58.7
太阳能	0.2	0.2	0.3	0.3	0.1
其他	0.5	0.2	0.2	1.3	0.1

注:(1)此指标每户可选两项,分项之和大于 100%。

（2）做饭、取暖用能源指住户在家庭炊事和取暖中使用的主要能源,包括柴草、煤、煤气、天然气、液化石油气、沼气、电、太阳能,以及其他能源如牛粪等。

（3）四大地区:东部地区包括北京市、天津市、河北省、上海市、江苏省、浙江省、福建省、山东省、广东省、海南省。中部地区包括山西省、安徽省、江西省、河南省、湖北省、湖南省。西部地区包括内蒙古自治区、广西壮族自治区、重庆市、四川省、贵州省、云南省、西藏自治区、陕西省、甘肃省、青海省、宁夏回族自治区、新疆维吾尔自治区。东北地区包括辽宁省、吉林省、黑龙江省。

（4）部分数据因四舍五入的原因,存在着与分项合计不等的情况。

五、农村能源基础设施落后

长期以来,农村地区能源基础设施薄弱,农网设备陈旧落后,天然气和液化气供应尚未普及到所有乡镇；尤其在部分偏远地区，各类商品能源总体供给不足，能源贫困问题依然存在，能源消费需求难以得到有效满足，即使在较发达的东部地区，农村商品能源占比也不足 70%。[①]

农村能源综合建设工作开展已有一段时间，但很多地方的农村能源综合建设质量不高。这主要有两种情况。一是有些农村能源工程是"面子工程""政绩工程"。这些工程花费不少，但作用不大。二是由于技术和建筑材料等方面的原因，有些工程质量不过关，不能发挥能源综合建设的最大综合效益，有的工程甚至没有作用。

农村能源发展基础设施建设缓慢。天然气作为一种高效、优质、清洁、经济的能源，在居民炊事、取暖、发电等方面均具有较强的综合利用价值。然而，截至 2016 年，全国仅有 1/10 的乡村通有天然气，其中，西部地区的陕西、四川、新疆天然气储量最为丰富、产量也最高，也仅仅只有不到 20% 的乡村通天然气。可见，发展技术及资金投入不足，导致农村能源基础设施落后或缺乏，难以满足能源的发展需求。[②] 农村很多地区由于自身资金短缺或者资金链在运行过程中出现问题，以及技术和服务支撑能力严重不足，能源建设难以进行，这就需要地方政府给予大力扶持，积极鼓励龙头企业、社会各界进行投资，利用政府职能为农村能源发展创造良好条件。

总之，在农村地区经济全面发展的新形势下，坚定不移地实施乡村振兴战略，我们需要针对农村能源建设中存在的问题，采取积极有效的措施来帮助优化农村能源结构，加大力度提升农村能源的综合利用水平，推动农村生态文明建设。

---

① 韩艳素.新能源在乡村振兴中的应用及发展探析[J].现代农业科技,2021(5):185-187.
② 孙若男,杨曼,苏娟,等.我国农村能源发展现状及开发利用模式[J].中国农业大学学报,2020(8):163-173.

第五章

农村生态文明建设的实现路径

　　农村生态文明建设,既是全面落实乡村振兴战略的重要内容,又是建设美丽中国和加强全国生态文明建设的题中应有之义。它是一场涉及生产方式、生活方式、思维方式和价值观念的革命性变革,是一项巨大而复杂的系统工程。习近平总书记指出:"生态环境问题归根到底是经济发展方式问题,要坚持源头严防、过程严管、后果严惩,治标治本多管齐下,朝着蓝天净水的目标不断前进。这是利国利民利子孙后代的一项重要工作,决不能说起来重要、喊起来响亮、做起来挂空挡。"①推进农村生态文明建设,要牢固树立保护生态环境的理念,更重要的是把理念落实在实际行动上。

第一节　加快形成推进农村生态文明建设的良好社会风尚

　　习近平总书记指出:"生态文明是人民群众共同参与共同建设共同享有的事业,要把建设美丽中国转化为全体人民自觉行动。每个人都是生态环境的保护者、建设者、受益者,没有哪个人是旁观者、局外人、批评家,谁也不能只说不做、置身事外。要增强全民节约意识、环保意识、生态意识,培育生态道德和行为准则,开展全民绿色行动,动员全社会都以实际行动减少能源资源消耗和污染排放,为生态环境保护作出贡献。"②农村生态文明建设关系各行各业、千家万户。要充分发动广大农民群众的积极性、主动性、创造性,凝聚民心、集中民智、汇集民力,实现生活方式绿色化。

---

① 中共中央文献研究室.习近平关于社会主义生态文明建设论述摘编[M].北京:中央文献出版社,2017:25-26.
② 习近平.推动我国生态文明建设迈上新台阶[J].求是,2019(3):4-19.

一、增强广大农民生态文明意识

公民良好的生态文明意识是构建生态文明社会的精神依托和道德基础。目前生态文明意识在我国农村尚未牢固树立,这是造成环境污染和生态破坏的重要原因。生态文明意识是引导人们保护生态环境行为的基础。生态文明意识对农村生态文明建设具有重要作用,广大农民生态文明意识的强弱直接影响着我国农村生态文明建设的速度和水平。如果广大农民缺少生态文明意识,不了解生态环境恶化对身心健康、生存环境带来的负面作用,在生产过程中就会追求经济利益最大化,更多地关注短期行为和经济效益,而忽视生态效益和社会效益,更缺乏对生态环境的关注。由于很多农民没有接受过正规的生态教育,缺乏必备的生态知识,即使他们想要维护自身生态权益,也不了解通过何种渠道去维护。如果想要对自身利益进行维护,就需要了解当地企业的污染排放情况,需要具备一定的生态科学知识。目前,我国农村地区人们接受现代生态知识普遍较少,生态文明意识普遍较为缺乏,在工业化、城市化和现代化进程中,受教育程度较高的人们大部分都进入了城市。从表5-1可以看出,我国农村居民教育文化程度普遍偏低。这就要求在提高农民素质方面,继续深入贯彻落实科教兴国战略,把科研、教育和技术推广尽快转移到适应农业绿色发展的轨道上来,大力发展农村基础教育,最大限度地遏制新文盲的产生。还要加大农村职业教育,通过各种形式对农民进行培训,提高他们掌握新知识的能力。

表 5-1 农村居民家庭户主文化程度 (单位:%)

文化程度	2013 年	2014 年	2015 年	2016 年	2017 年	2018 年	2019 年
未上过学	4.7	4.4	3.8	3.3	3.2	3.9	3.6
小学程度	32.3	31.8	30.7	29.9	29.8	32.8	32.5
初中程度	51.0	51.5	53.1	54.6	54.7	50.3	50.8

续表

文化程度	2013 年	2014 年	2015 年	2016 年	2017 年	2018 年	2019 年
高中程度	10.7	10.9	11.1	10.7	10.8	11.1	11.2
大学专科程度	1.2	1.2	1.2	1.2	1.3	1.6	1.7
大学本科及以上程度	0.2	0.2	0.2	0.2	0.2	0.3	0.3

资料来源：国家统计局农村社会经济调查司.中国农村统计年鉴 2020［M］.北京：中国统计出版社,2020:33.

生态文明意识的增强是公众积极主动参与生态环境保护,促使人口、资源、环境与经济、社会可持续发展的基本条件之一,也是衡量社会进步和公众文明程度的重要标志。美国学者莱斯特·布朗认为,"假使没有一个环境伦理来保护社会的生物基础和农业基础,那么,文明就会崩溃"[1]。积极培育生态文化、生态道德,使生态文明成为社会主流价值观,成为社会主义核心价值观的重要内容。从娃娃抓起,从家庭、学校教育抓起,引导广大农民树立生态文明意识。把生态文明教育作为素质教育的重要内容,纳入国民教育体系和干部教育培训体系。将生态文化作为现代公共文化服务体系建设的重要内容,挖掘优秀传统生态文化思想和资源,创作一批文化作品,创建一批教育基地,满足广大农民群众对生态文化的需求。通过典型示范、展览展示、岗位创建等形式,广泛动员广大农民参与生态文明建设。组织好世界地球日、世界环境日、世界森林日、世界水日、世界海洋日和全国节能宣传周等主题宣传活动。充分运用电视、广播、报纸、互联网等各种媒体以及挂图、幻灯片、文艺演出等农民喜闻乐见的各种形式,大力宣传党和国家在节能环保方面的方针、政策、法律、法规,宣传农业节能环保知识,树立理性、积极的舆论导向,加强资源环境国情宣传,普及生态文明法律法规、科学知识等,报道先进典型,曝光反面事例,增强公众节约意识、环保意识、生态意识,形成人人、事事、时时崇尚生态文明的社会氛围。

---

[1]　莱斯特·布朗.建设一个持续发展的社会［M］.祝友三,等译.北京:科学技术出版社,1984:281.

二、推动形成绿色发展方式和生活方式

习近平总书记指出："推动形成绿色发展方式和生活方式,是发展观的一场深刻革命。这就要坚持和贯彻新发展理念,正确处理经济发展和生态环境保护的关系,像保护眼睛一样保护生态环境,像对待生命一样对待生态环境,坚决摒弃损害甚至破坏生态环境的发展模式,坚决摒弃以牺牲生态环境换取一时一地经济增长的做法,让良好生态环境成为人民生活的增长点、成为经济社会持续健康发展的支撑点、成为展现我国良好形象的发力点,让中华大地天更蓝、山更绿、水更清、环境更优美。"①"我们强调推动形成绿色发展方式和生活方式,就是要坚持节约资源和保护环境的基本国策,坚持节约优先、保护优先、自然恢复为主的方针,形成节约资源和保护环境的空间格局、产业结构、生产方式、生活方式,为人民创造良好生产生活环境。"②绿色生活方式是绿色发展的重要实践途径。"道虽迩,不行不至;事虽小,不为不成。"实现生活方式绿色化是一个从观念到行为全方位转变的过程,同每个人息息相关,人人都是践行者和推动者。一是强化生活方式绿色化理念。绿色生活方式重在引导人们在追求生活方便舒适的同时,践行简约适度、绿色低碳的生活方式,坚决反对和抵制各种形式的奢侈浪费,以及挥霍性消费、奢侈性消费、超前性消费、炫耀性消费等不合理消费,推动广大农民在衣食住行游等方面加快向绿色低碳和文明健康的方式转变,使绿色生活成为全社会的自觉习惯。二是提倡勤俭节约的消费观。积极引导消费者购买节能环保低碳产品,倡导绿色生活和休闲模式,严格限制发展高耗能服务业。积极引导消费者购买节能与新能源汽车、高能效家电、节水型器具等节能环保低碳产品,减少一

① 中共中央文献研究室.习近平关于社会主义生态文明建设论述摘编[M].北京:中央文献出版社,2017:36-37.
② 中共中央文献研究室.习近平关于社会主义生态文明建设论述摘编[M].北京:中央文献出版社,2017:35-36.

次性用品的使用,限制过度包装。大力推广绿色低碳出行,倡导绿色生活和休闲模式,严格限制发展高耗能、高耗水服务业。在餐饮企业、村办食堂、家庭餐桌全方位开展反对食品浪费行动,厉行勤俭节约。三是完善鼓励绿色生活相关政策机制,增强绿色供给,推进绿色包装,促进绿色采购,开展绿色回收,引导绿色饮食,推广绿色穿着,倡导绿色居住,鼓励绿色出行。加大绿色生活方式宣传,让绿色生活理念入脑入心。四是全面构建推动生活方式绿色化全民行动体系。开展创建节约型机关、绿色家庭、绿色学校、绿色村庄等行动;不断创新和丰富活动载体,积极打造推动生活方式绿色化的品牌活动和亮点工程。让人们在充分享受绿色发展带来的便利和舒适的同时,履行应尽的可持续发展责任,实现广大农民按自然、环保、节俭、健康的方式生活。

第二节　积极推动科技创新和产业结构调整

要从根本上缓解经济发展与生态环境之间的矛盾,必须以科技创新为动力,以引进、消化、吸收为基础,大力实施科技创新工程,构建科技含量高、资源消耗低、环境污染少的产业结构,加快推动生产方式绿色化,大幅度提高经济绿色化程度,有效降低发展的资源环境代价。

一、大力推动农业科技创新

2013 年 8 月 21 日,习近平总书记在听取科技部汇报时指出:"我正在请有关部门组织研究的几个问题:一是水资源问题。我国这么大,发展产业、工业化、现代农业和城镇化,对水需求很大,要充分发挥科技的作用。二是能源安全。现在我国石油有一半以上靠进口,而我国资源特色是煤,如何保护生态,在煤的清洁化等方面要下功夫,科技要攻关。同时,页岩气技术如何突破,还有生物质能源、可再生能源。三是农业。一要搞大农业,走农业科技化工业化道路,还要考虑碎片化的一家一户的农业,两方面都要考虑。既要搞设施农业,也要考虑个体农户,因地制宜。总之,水资源、能源、农业都要靠科技。"①关于农业科技创新,2013 年 11 月 24 日至 28 日,习近平总书记在山东考察时指出:"要给农业插上科技的翅膀,按照增产增效并重、良种良法配套、农机农艺结合、生产生态协调的原则,促进农业技术集成化、劳动过程机械化、生产经营信息化、安全环保法治化,加快构建适应高产、优质、高效、生态、安全农业发展要求的技术体系。"②农业科技创新是一项综合性、持续性的活动,必须结合深化科技体制改革,建立符合农村生态文明建设领域科研活动特点的管理制度和运行机制。针对生产成本和农业污染居高不下的突出问题,加强重大科学技术问题研究,开展能源节约、资源循环利用、新能源开发、污染治理、生态修复等领域关键技术攻关,在基础研究和前沿技术研发方面取得突破。要进一步加强绿色化、低碳化、生态化技术的研发和集成应用,降低资源利用强度,提高循环利用效率,引领和支撑资源节约型、环境友好型现代农业发展。强化企业技术创新主体地位,充分发挥市场对绿色产业发展方向和技术路线选择的决定性作用。完善技术创新体系,提高综合集成创新能力,加强工艺创新与试验。集中集成应用一批耕地有机质提升、新型智能肥料、纳米农药、节水控污、生态养殖、废弃物循环利用等技术,促进农业的绿色化和效益化转型。支持农村生态文明领域工程技术类研究中心、实验室和实验基地建设,完善科技创新成果转化机制,形成一批成果转化平台、中介服务机构,加快成熟适用技术的示范和推广。加强农村

---

① 中共中央文献研究室.习近平关于科技创新论述摘编[M].北京:中央文献出版社,2016:91-92.

② 中共中央文献研究室.习近平关于科技创新论述摘编[M].北京:中央文献出版社,2016:93.

生态文明基础研究、试验研发、工程应用和市场服务等科技人才队伍建设,深入持久地推动农业科技创新。

二、大力发展农业绿色产业

推进绿色发展是我国经济转型升级的必由之路。大力发展农业绿色产业是生态文明建设的必然要求。农业绿色产业主要包括清洁生产产业、清洁能源产业、生态环境产业、生态保护产业、生态修复产业、绿色服务产业。2018年4月,习近平总书记在海南考察时指出:"乡村振兴,关键是产业要振兴。要鼓励和扶持农民群众立足本地资源发展特色农业、乡村旅游、庭院经济,多渠道增加农民收入。"[①]大力发展农业绿色产业的措施主要有以下六点。一是大力发展节能环保产业,以推广节能环保产品拉动消费需求,以增强节能环保工程技术能力拉动投资增长,以完善政策机制释放市场潜在需求,推动节能环保技术、装备和服务水平显著提升,加快培育新的经济增长点。二是着力发展高效低毒低残留农药生产与替代,挥发性有机物综合整治,农业节水和水资源高效利用,畜禽养殖废弃物污染治理,包装废弃物回收处理,废弃农膜回收利用节能环保产业。三是实施节能环保产业重大技术装备产业化工程,规划建设产业化示范基地,规范节能环保市场发展,多渠道引导社会资金投入,形成新的支柱产业。四是着力发展生态农业、绿色畜牧业、绿色渔业、农作物种植保护地与保护区建设和运营、农作物病虫害绿色防控。五是加快核电、风电、太阳能光伏发电等新材料、新装备的研发和推广,推进生物质发电、生物质能源、沼气、地热、浅层地温能、海洋能等应用,发展分布式能源,建设智能电网,完善运行管理体系。六是完善农业绿色科技创新成果评价和转化

---

① 中共中央党史和文献研究院.习近平关于"三农"工作论述摘编[M].北京:中央文献出版社,2019:150.

机制,探索建立农业技术环境风险评估体系,加快成熟适用的农业绿色品种和绿色技术的示范、推广和应用。

三、调整优化农村产业结构

调整优化农村产业结构是实现国民经济全面发展、社会长治久安的必然选择。习近平总书记指出:"随着时代发展,乡村价值要重新审视。现如今,乡村不再是单一从事农业的地方,还有重要的生态涵养功能,令人向往的休闲观光功能,独具魅力的文化体验功能。'暧暧远人村,依依墟里烟。狗吠深巷中,鸡鸣桑树颠。'乡村越来越成为人们养生养老、创新创业、生活居住的新空间。人们向往田园风光、诗意山水、乡土文化、民俗风情、农家美食,追求与自然和谐相处的乡村慢生活成为一种时尚。'竹篱茅舍风光好,高楼大厦总不如'。田园变公园,农房变客房,劳作变体验,乡村优美环境、绿水青山、良好生态成为稀缺资源,乡村的经济价值、生态价值、社会价值、文化价值日益凸显。适应城乡居民需求新变化,休闲农业乡村旅游蓬勃兴起,农村一二三产业融合发展模式不断丰富创新,为农村创新创业开辟了新天地,为农民就业增收打开了新空间。要抓农村新产业新业态,推动农产品加工业优化升级,把现代信息技术引入农业产加销各个环节,发展乡村休闲旅游、文化体验、养生养老、农村电商等,鼓励在乡村地区兴办环境友好型企业,实现乡村经济多元化。农村一二三产业融合不是简单的一产'接二连三',关键是完善利益联结机制,不能富了老板、丢了老乡,要通过就业带动、保底分红、股份合作等多种形式,让农民合理分享全产业链增值收益。"①调整优化农村产业结构可从以下几方面入手。第一,推动战略性新兴产业和先进制造业健康发展,采用先

---

① 中共中央党史和文献研究院.习近平关于"三农"工作论述摘编[M].北京:中央文献出版社,2019:99-100.

进适用节能低碳环保技术改造提升传统产业,发展壮大服务业,合理布局建设基础设施和基础产业。第二,顺应产业发展规律,立足本地特色资源,加大农村产业结构调整和升级,完善利益联结,全力补齐短板弱项,加快发展乡村产业。第三,积极推进农业供给侧结构性改革,积极化解产能严重过剩矛盾,加强农业预警调控,适时调整产能严重过剩行业名单,严禁核准产能严重过剩行业新增产能项目。第四,加快淘汰落后产能,逐步提高淘汰标准,禁止落后产能向中西部地区转移。做好化解产能过剩和淘汰落后产能企业职工安置工作。第五,坚持质量兴农,实施农业标准化战略,突出优质、安全、绿色导向。第六,调整能源结构,推动传统能源安全绿色开发和清洁低碳利用,发展清洁能源、可再生能源,不断提高非化石能源在能源消费结构中的比重。第七,扎实推进国家现代农业示范区建设,推进国家农业可持续发展试验示范区建设,研究建立重要农业资源台账制度,积极探索农业生产与资源环境保护协调发展的有效途径。

第三节　全面促进资源节约和循环高效利用

　　资源是经济发展之本。我国资源总量大、人均少、质量不高,主要资源人均占有量与世界平均水平相比普遍偏低。全面节约和循环利用资源,降低能耗、物耗,实现生产系统和生活系统循环链接,才能有效破解我国发展面临的资源难题,实现绿色发展的目标。

一、大力推进节能减排

节能减排包括节能和减排两个方面，就是节约能源、降低能源消耗和减少污染物排放。减排必须加强节能技术的应用，以避免因片面追求减排而造成能耗激增。节能就是加强用能管理，采取技术上可行、经济上合理以及环境和社会可以承受的措施，从能源生产到消费的各个环节，降低消耗、减少损失、制止浪费，有效、合理地利用能源。习近平总书记非常重视节能减排工作，他指出："要坚决控制能源消费总量。我国能源利用方式粗放，能源效率偏低，能源消费总量过多。国家统计局统计，二〇一三年能源消费总量为三十七亿五千万吨标煤，但各地统计数汇总结果可能远大于这个数。我国能源消费量占到世界的百分之二十二，而我国国内生产总值仅占世界的百分之十一点五。这就是说，我国单位能源产出效率仅相当于世界平均水平的一半。敞开口子消费能源，不仅我国资源、环境不可承受，全球资源、环境也难以承受。如果我国能源利用效率提高到世界平均水平，每年就可以少用一半能源。节能即减排，少用一半能源，就能大量减少二氧化碳、二氧化硫、$PM_{2.5}$排放。"[1]同时强调："要大力节约集约利用资源，推动资源利用方式根本转变，加强全过程节约管理，大幅降低能源、水、土地消耗强度。要控制能源消费总量，加强节能降耗，支持节能低碳产业和新能源、可再生能源发展，确保国家能源安全。"[2]在现实生活中，要充分发挥节能与减排的协同促进作用，全面推动重点领域节能减排。严格执行建筑节能标准，加快推进既有建筑节能和供热计量改造，从标准、设计、建设等方面大力推广可再生能源在建筑上的应用，鼓励建

---

[1] 中共中央文献研究室.习近平关于社会主义生态文明建设论述摘编[M].北京:中央文献出版社,2017:59-60.

[2] 中共中央文献研究室.习近平关于社会主义生态文明建设论述摘编[M].北京:中央文献出版社,2017:45.

筑工业化等建设模式。把节能减排作为转变农业生产和农民生活方式的重要抓手,大力发展生态农业、循环农业、低碳农业,以提高农业资源利用率为关键环节,以节肥、节药、节水、节能和农村废弃物资源化利用技术推广为工作重点,通过减量化、再利用、资源化等方式,降低能源消耗,减少污染排放,提升农业可持续发展能力,保护和改善农村生态环境,提高农民生活质量,促进农业发展方式的转变。加强节能农业机械和农产品加工设备的推广应用,强化农业机械设备的能耗检测,加快落后农业机械的更新换代,研究淘汰高耗能、高排放农机的经济补偿方式。在农村地区推广应用太阳能、风能、微水电等可再生能源和产品,鼓励农民使用太阳热水器、太阳灶,因地制宜发展光伏发电。

二、大力发展循环农业

1961 年,苏联宇航员加加林驾驶的东方一号宇宙飞船进入太空,震撼世界,影响深远。美国经济学家鲍尔丁受到启发,于 1965 年提出了"宇宙飞船理论"。他将我们人类赖以生存的地球比作一架在茫茫宇宙中飞行的"飞船"。他认为,地球的资源是有限的,人类依靠不断消耗自身有限的资源而生存,但人口及经济的迅速增长终将耗尽"飞船"有限的资源,同时排出的各种废弃物也将充斥"飞船"的内舱,其结果是"飞船"因内耗而毁灭。因此,人类必须改变传统单向度的"自然资源—产品和用品—废物排放"的"线性经济模式",尽快减少生产和消费的流量,避免对自然资源的损害以维护自然资源的存量,只有建立资源利用的"闭路循环",才能提高资源的循环利用能力,唯有如此,人类可持续发展才是可能的。这就是著名的"宇宙飞船理论"。长期以来,人们认为这一理论奠定了循环经济的思想基础。但笔者认为,马克思早于鲍尔丁大约一百年提出的物质变换思想,就是循环经济思想的最初表述,因此马克思才是循环经济思想的奠基人或者开创者。

循环经济是指以资源的高效利用和循环利用为核心,摒弃"大量生产、大量消费、大量废弃"的传统经济模式,实现物质循环流动的经济。"3R原则"是循环经济最重要的实践操作原则,是指减量化(Reduce)原则、再利用(Reuse)原则、再循环(Recycle)原则。减量化就是用较少的原料和能源投入来达到既定的生产目的或消费目的,要求从经济活动的源头就注意节约资源和减少污染。再利用要求制造产品和包装容器能够以初始的形式被反复使用。再循环要求生产出来的产品在完成其使用功能后能重新变成可以利用的资源,而不是不可恢复的垃圾。所以有人说"垃圾是放错了地方的资源"。再循环的过程实质是垃圾资源化利用的过程。

循环农业是循环经济思想在农业领域中的具体应用,在未来农业发展过程中将大有可为。习近平总书记指出:"要加强水源地保护和用水总量管理,推进水循环利用,建设节水型社会。要严守耕地保护红线,严格保护耕地特别是基本农田,严格土地用途管制。要加强矿产资源勘查、保护、合理开发,提高矿产资源勘查合理开采和综合利用水平。要大力发展循环经济,促进生产、流通、消费过程的减量化、再利用、资源化。"①发展循环农业是实现农业可持续发展的重要途径。循环农业就是运用可持续发展思想和循环经济理论,在保护农业生态环境和充分利用高新技术的基础上,调整和优化农业生态系统内部结构及产业结构,提高农业系统物质和能量的多级循环利用,严格控制外部有害物质的投入和农业废弃物的产生,最大限度地减轻环境污染,使农业生产经济活动真正纳入农业生态系统循环中,实现生态的良性循环与农业的可持续发展。要求按照减量化、再利用、资源化的原则,加快建立循环农业体系,提高全社会资源产出率。完善再生资源回收体系,实行垃圾分类回收,推进秸秆等农林废弃物以及建筑垃圾、餐厨废弃物资源化利用,发展再制造和再生利用产品,鼓励纺织品、汽车轮胎等废旧物品回收利用。推进煤矸石、矿渣等大宗固体

① 中共中央文献研究室.习近平关于社会主义生态文明建设论述摘编[M].北京:中央文献出版社,2017:45.

废弃物综合利用。积极组织开展循环农业示范行动,大力推广"种养"相结合的综合利用模式、畜禽粪便还田模式、畜禽-沼气-作物生态模式、畜禽-作物相结合模式、水稻-养鸭共育生态模式、农牧林-生态农庄模式、一二三产业融合的生态循环农业模式等循环农业典型模式。

三、大力加强资源节约

节约资源是我国的一项基本国策。习近平总书记指出:"节约资源是保护生态环境的根本之策。扬汤止沸不如釜底抽薪,在保护生态环境问题上尤其要确立这个观点。大部分对生态环境造成破坏的原因是来自对资源的过度开发、粗放型使用。如果竭泽而渔,最后必然是什么鱼也没有了。因此,必须从资源使用这个源头抓起。"①在现实生活中,要树立节约优先的理念,时时处处把节约放在前面,培育节约意识,养成行为自觉。就节水问题,习近平总书记多次发表讲话,他强调:"农业是用水大户,也是节水潜力所在,更是水价改革难点。提高农业水价会增加种地成本,但不提价、用水成本过低,就难以实现农业节水。现在做好人,不增加农民负担,以后地下水采光后,就不只是一个负担增不增加的问题了。要敢于碰一些禁区,拓宽思路,通过精准补贴等办法,既总体上不增加农民负担,又促进农业节水。"②要大力发展节水农业。加强用水需求管理,以水定需、量水而行,抑制不合理用水需求。建立健全农业节水技术产品标准体系。建设一批高标准节水农业示范区,大力普及喷灌、滴灌等节水灌溉技术,加大水肥一体化和涵养水分等农艺节水保墒技术推广力度。筛选推广一批抗旱节水品种,稳步推进牧区高效节水灌溉和饲草饲料地建设,严

①　中共中央文献研究室.习近平关于社会主义生态文明建设论述摘编[M].北京:中央文献出版社,2017:44-45.

②　中共中央党史和文献研究院.习近平关于"三农"工作论述摘编[M].北京:中央文献出版社,2019:106.

格限制生态脆弱地区抽取地下水灌溉人工草场。积极开发利用再生水、矿井水、空中雨水、海水等非常规水源，严控无序调水和人造水景工程，积极探索水价改革方案，提高水资源安全保障水平。还要节约集约利用土地、矿产等资源，加强全过程管理，大幅降低资源消耗强度。要按照严控增量、盘活存量、优化结构、提高效率的原则，加强土地利用的规划管控、市场调节、标准控制和考核监管，严格土地用途管制，推广应用节地技术和模式。

四、加大可再生能源开发力度

无论从能源安全还是从环境保护的角度看，可再生能源都将成为新能源的战略选择。可再生能源通常包括太阳能、生物质能源、风能、水能、海洋能和地热能，是广泛存在、用之不竭并最终可以依赖的初级能源，可以替代化石燃料，减少二氧化碳排放。农村清洁能源主要来源于太阳能、风能、水能和沼气能等生物质能源。就长远能源战略而言，太阳能、风能、生物质能源将成为我国农村清洁能源的主力军，将是今后我国摆脱依赖别国能源的最有效途径。

我国农村有着得天独厚的自然条件和生产条件，可以开发多种可再生能源。一是我国农村地理条件具有多样性，可再生能源资源丰富。如平原上开阔的场地，有利于开发太阳能、风能；山区众多的水量丰沛、水流湍急、落差巨大的河流，可以发展小水电；沿海地区的潮汐、海风、海浪等，也可用来发电。二是我国农作物种植广泛，农副产品丰富。种植业生产的粮食可以制造酒精服务于工业和医疗，产生的大量秸秆如玉米秸秆、麦秸、稻草、高粱秆等，是上好的燃料，可用来发电和生产燃气，同时秸秆作为纤维质原料，也可以生产酒精。三是农村养殖业的扩大和农村居民消费的增加，导致粪污和生活垃圾越来越多。从目前来看，这是农村环境的重要污染源。但是如果用于能源开发，则是取之不竭的资源。养殖业及生活排出的粪污可以用来制造沼气,生活垃圾可以集中起来燃烧发电。这样,农村发电可以不用煤,酒精可作为汽油的替代物,沼气可作为天然气、煤的替代物。利用农村自然条件和生产生活条件,大力开发利用新的可再生能源是切实可行的,并且发展前景极为广阔。这必将影响我国的能源格局和能源结构,减少我国对化石燃料的依赖,增强能源的整体供给能力和可持续发展能力,从而保证能源安全、经济平稳运行和可持续发展。

大力开发利用可再生能源,不仅是我国美丽乡村建设的必然选择,也是基于国家能源安全的战略考虑,更是解决人类能源与环境问题的最终途径。新时代我国经济发展的基本特征,是由高速增长阶段转向高质量发展阶段。这要求我们必须充分认识可再生能源在今后我国能源消费结构中的重要地位,抓住高质量发展的历史机遇,在我国农村大力开发利用可再生能源,彻底变革不合理的能源消费结构。

第四节　加大自然生态系统和环境保护力度

自然生态系统是在一定时间和空间范围内,依靠自然调节能力维持的相对稳定的生态系统,例如原始森林、海洋。由于人类的强大作用,绝对没有受到人类干扰的生态系统已经不复存在。自然生态系统的一个重要特点是它常常趋向于达到一种稳态或平衡状态,这种稳态是靠自我调节过程来实现的。生态系统的自我调节能力是有限度的。当外界压力很大,系统的变化超过了自我调节能力的限度即"生态阈限"时,系统的自我调节能力会随之下降,甚至消失。此时,系统结构被破坏,功能受阻,导致整个系统受到伤害甚至崩溃,这就是通常所说的生态平衡失调。生态危机随之发生。

一、保护和修复自然生态系统

实施大规模生态保护和修复工程,是世界上许多国家改善生态的成功经验,它使受到破坏的生态系统得以朝着良性方向恢复,由失衡走向平衡。习近平总书记指出:"要坚持保护优先、自然恢复为主,实施山水林田湖生态保护和修复工程,加大环境治理力度,改革环境治理基础制度,全面提升自然生态系统稳定性和生态服务功能,筑牢生态安全屏障。"[①]保护和修复自然生态系统的主要措施如下。第一,加快生态安全屏障建设。实施以青藏高原生态屏障区、黄河重点生态区(含黄土高原生态屏障)、长江重点生态区(含川滇生态屏障)、东北森林带、北方防沙带、南方丘陵山地带、海岸带等"三区四带"为核心的全国重要生态系统保护和修复重大工程,全面加强生态保护和修复工作。第二,扩大森林、湖泊、湿地面积,提高沙区、草原植被覆盖率,有序实现休养生息。加强森林保护,将天然林资源保护范围扩大到全国;大力开展植树造林和森林经营,稳定和扩大退耕还林范围,加快重点防护林体系建设;完善国有林场和国有林区经营管理体制,深化集体林权制度改革。第三,严格落实禁牧休牧和草畜平衡制度,加快推进基本草原划定和保护工作;加大退牧还草力度,继续实行草原生态保护补助奖励政策;稳定和完善草原承包经营制度。启动湿地生态效益补偿和退耕还湿。第四,继续推进京津风沙源治理、黄土高原地区综合治理、石漠化综合治理,开展沙化土地封禁保护试点。加强水土保持,因地制宜推进小流域综合治理。第五,完善国家地下水监测系统,开展地下水超采区综合治理,逐步实现地下水采补平衡。强化农田生态保

---

① 中共中央文献研究室.习近平关于社会主义生态文明建设论述摘编[M].北京:中央文献出版社,2017:64.

护,实施耕地质量保护与提升行动,加大退化、污染、损毁农田改良和修复力度,加强耕地质量调查、监测与评价。第六,实施生物多样性保护重大工程,建立监测、评估与预警体系,健全国门生物安全查验机制,有效防范物种资源丧失和外来物种入侵。第七,加强水生生物保护,开展重要水域增殖放流活动。把修复长江生态环境摆在压倒性位置,共抓大保护,不搞大开发,实施好长江防护林体系建设、水土流失及岩溶地区石漠化治理、退耕还林还草、水土保持、河湖和湿地生态保护修复等工程,增强水源涵养、水土保持等生态功能。农业农村部宣布从 2020 年 1 月 1 日零时起实施长江十年禁渔计划,就是对长江重点生态区进行保护和修复的重要举措。

二、全面推进污染防治

发展经济是为了民生,保护生态环境同样也是为了民生。习近平总书记指出:"加大环境污染综合治理。以解决人民群众反映强烈的大气、水、土壤污染等突出问题为重点,全面加强环境污染防治。要持续实施大气污染防治行动计划,全面深化京津冀及周边地区、长三角、珠三角等重点区域大气污染联防联控,逐步减少并消除重污染天气,坚决打赢蓝天保卫战。要加强水污染防治,严格控制七大重点流域干流沿岸的重化工等项目,大力整治城市黑臭水体,全面推行河长制,实施从水源到水龙头全过程监管。长江经济带发展要坚持共抓大保护、不搞大开发,突出生态优先、绿色发展。要开展土壤污染治理和修复,着力解决土壤污染农产品安全和人居环境健康两大突出问题。要加强农业面源污染治理,推动化肥、农药使用量零增长,提高农膜回收率,加快推进农作物秸秆和畜禽养殖废弃物全量资源化利用。要发展绿色清洁生产,有效控制污染和温室气体排放,推动优化开发区域率先实现碳排放达到峰值。要加大城乡环境综合整治力度,建设美丽城镇和美丽乡村。"①农业污染主要来自农药化肥的残留和流失、秸秆焚烧、土壤中的农用地膜、畜禽养殖产生的粪便、生活垃圾和污水。由于农业污染具有发生随机、影响滞后、原因复杂、途径广泛等特征,成为土壤和大气污染、农产品质量下降,特别是水体污染的主要影响因素。全面推进污染防治,要按照以人为本、防治结合、标本兼治、综合施策的原则,建立以保障人体健康为核心、以改善环境质量为目标、以防控环境风险为基线的环境管理体系,健全跨区域污染防治协调机制,加快解决人民群众反映强烈的大气、水、土壤污染等突出环境问题。要突出预防为主、综合防治,确立分类指导、区别对待的方针,通过整体控制多源污染的循环链、打断农业污染的往复循环的各个环节,构建源头预防、过程控制和末端治理一体化的环境保护和污染治理技术体系,区分农业污染的不同类型,筛选出关键防治技术,进行分类指导、综合防治,逐步减少污染来源,保护农业生态环境。制定实施土壤污染防治行动计划,优先保护耕地土壤环境,强化工业污染场地治理,开展土壤污染治理与修复试点。加强农业面源污染防治,加大种养业特别是规模化畜禽养殖污染防治力度,科学施用化肥、农药,推广节能环保型炉灶,净化农产品产地和农村居民生活环境。加大城乡环境综合整治力度。同时,推进重金属污染治理。

三、大力发展低碳农业

人类的农业生产活动与全球气候变化既相互联系又相互影响。一方面,农业生产对气候变化有着重要的影响。政府间气候变化专门委员会第 4 次评估报告表明,农业是温室气体的第二大重要来源,排放量介于电

---

① 中共中央文献研究室.习近平关于社会主义生态文明建设论述摘编[M].北京:中央文献出版社,2017:76-77.

热生产和尾气之间。[1] 农业源温室气体排放占全球人为排放源的13.5%，农业排放甲烷占由于人类活动造成的甲烷排放总量的50%，一氧化二氮占60%，如果不实施额外的农业政策，预计到2030年，农业源甲烷和一氧化二氮排放量将比2005年分别增加60%和35%~60%。[2] 另一方面，农业又是最易遭受气候变化影响的产业。气候变化会给农业生产带来影响，造成极端气候事件发生频率变化，农业生产不稳定性增加和产量波动。气候变暖将导致我国农作物生长期延长，作物品种的布局特别是品种类型，将发生变化。气候变暖后，病虫害的流行及灾变频率发生变化，呈现加重的趋势。土壤有机质的微生物分解将加快，造成土壤地力下降，需要施用更多的肥料以满足作物的需要。此外，气候变化将大大加剧我国华北、西北等地区的缺水形势，尤其是在降水减少和蒸发增加的地区。

减少农业温室气体排放量，必须大力发展低碳农业。低碳农业是指以减缓温室气体排放为目标，以减少碳排放、增加碳汇和适应气候变化技术为手段，通过加强基础设施建设、产业结构调整、提高土壤有机质含量、做好病虫害防治、发展农村可再生能源等农业生产和农民生活方式转变，实现高效率、低能耗、低排放、高碳汇的农业。[3] 可见，低碳农业是一种比生态农业更宽泛的概念，不仅要像生态农业那样提倡少用化肥农药、进行高效的农业生产，而且在农业能源消耗越来越多，种植、运输、加工等过程中，电力、石油和煤气等能源的使用都在增加的情况下，还要更注重整体农业能耗和排放的降低。在农业生产和生活中，无论是"九节"（即节地、节水、节肥、节药、节种、节电、节油、节柴（节煤）、节粮），还是"一减"（即减少从事"一产"的农民），只要可以降低农业生产成本、保护农业生态环境、增强土壤的固碳能力、减少温室气体排放，都属于低碳农业最有效、最现

[1] 赵其国，钱海燕.低碳经济与农业发展思考[J].生态环境学报，2009(5)：1609-1614.
[2] 兰希平，高明和，梁成华.发展低碳农业 减缓温室气体排放[J].农业环境与发展，2010(2)：29-31.
[3] 中华人民共和国农业部.低碳农业——应对气候变化农业行动[M].北京：中国农业出版社，2009：1.

实的形式。

低碳农业要求尽可能节约各种资源消耗,减少人力、物力、财力的投入,所以它是一种资源节约型农业;低碳农业要求以最少的物质投入,获取最大的产出收益,所以它是一种综合效益型农业;低碳农业要求采取各种措施,将农业产前、产中、产后全过程中可能对社会带来的破坏降到最低,所以它是一种生态安全型农业。低碳农业是在应对全球气候变化中应运而生的新生事物,是一种生态高值农业模式。而这种全新的模式所带动的则是"绿色农业经济"的发展,是一种全新的以低能耗和低污染为基础的绿色农业经济。要坚持当前和长远相互兼顾、减缓和适应全面推进,通过节约能源和提高能效,优化能源结构,增加森林、草原、湿地、海洋碳汇等手段,有效控制二氧化碳、甲烷、一氧化二氮、氢氟碳化物、全氟化碳、六氟化硫等温室气体排放。提高适应气候变化特别是应对极端天气和气候事件的能力,加强监测、预警和预防,提高农业、林业、水资源等重点领域和生态脆弱地区适应气候变化的水平。迄今为止,世界上还没有一个国家的农业现代化是建立在绿色经济的发展模式基础上的,我国正在努力探索一条低碳农业的发展道路,这也会是绿色农业发展方式的重大创新。

第五节 加快完善农村生态文明制度体系

思想是行动的先导,制度是持久的保障。习近平总书记指出:"保护生态环境必须依靠制度、依靠法治。只有实行最严格的制度、最严密的法治,才能为生态文明建设提供可靠保障。"①当前,我国已经初步建立了一些农村生态环境保护方面的制度,农村生态环境保护的立法和执法取得明显进展。但同时,我国农村生态文明制度仍不系统、不完整。加快完善农村生态文明制度体系,是深入开展农村生态文明建设的治本之策。我们要依据《中共中央国务院关于加快推进生态文明建设的意见》《生态文明体制改革总体方案》等文件,加快建立系统完整的农村生态文明制度体系,引导、规范和约束各类开发、利用、保护自然资源的行为,用制度保护农村生态环境。

一、健全法律法规和自然资源资产产权制度以及用途管制制度

习近平总书记指出:"要深化生态文明体制改革,尽快把生态文明制度的'四梁八柱'建立起来,把生态文明建设纳入制度化、法治化轨道。"②我们要全面清理现行法律法规中与加快推进农村生态文明建设不相适应的内容,加强法律法规间的衔接;还要研究制定节能评估审查、节水、应对气候变化、生态补偿、湿地保护、生物多样性保护、土壤环境保护等方面的法律法规,修订《中华人民共和国土地管理法》《中华人民共和国大气污染防治法》《中华人民共和国水污染防治法》《中华人民共和国节约能源法》《中华人民共和国循环经济促进法》《中华人民共和国矿产资源法》《中华人民共和国森林法》《中华人民共和国草原法》《中华人民共和国野生动物保护法》等法律。

习近平总书记指出:"健全国家自然资源资产管理体制是健全自然资

---

① 中共中央文献研究室.习近平关于社会主义生态文明建设论述摘编[M].北京:中央文献出版社,2017:99.

② 中共中央文献研究室.习近平关于社会主义生态文明建设论述摘编[M].北京:中央文献出版社,2017:109.

源资产产权制度的一项重大改革,也是建立系统完备的生态文明制度体系的内在要求。"①还特别强调:"我国生态环境保护中存在的一些突出问题,一定程度上与体制不健全有关,原因之一是全民所有自然资源资产的所有权人不到位,所有权人权益不落实。"②因此,要对水流、森林、山岭、草原、荒地、滩涂等自然生态空间进行统一确权登记,明确国土空间的自然资源资产所有者、监管者及其责任;完善自然资源资产用途管制制度,明确各类国土空间开发、利用、保护边界,实现能源、水资源、矿产资源按质量分级、梯级利用;严格节能评估审查、水资源论证和取水许可制度;坚持并完善最严格的耕地保护和节约用地制度,强化土地利用总体规划和年度计划管控,加强土地用途转用许可管理;完善矿产资源规划制度,强化矿产开发准入管理;有序推进国家自然资源资产管理体制改革。

加快制定、修订一批能耗、水耗、地耗、污染物排放、环境质量等方面的标准,实施能效和排污强度"领跑者"制度,加快标准升级步伐。提高建筑物、道路、桥梁等建设标准。环境容量较小、生态环境脆弱、环境风险高的地区要执行污染物特别排放限值。鼓励各地区依法制定更加严格的地方标准。建立与国际接轨、适应我国国情的能效和环保标识认证制度。

加强统计监测,建立农村生态文明综合评价指标体系。加快推进对能源、矿产资源、水、大气、森林、草原、湿地、海洋和水土流失、沙化土地、土壤环境、地质环境、温室气体等的统计监测核算能力建设,提升信息化水平,提高准确性、及时性,实现信息共享。加快重点用能单位能源消耗在线监测体系建设。建立循环经济统计指标体系、矿产资源合理开发利用评价指标体系。利用卫星遥感等技术手段,对自然资源和农村生态环境保护状况开展全天候监测,健全覆盖所有资源环境要素的监测网络体系。提高农村环境风险防控和突发环境事件应急能力,健全环境与健康

---

① 中共中央文献研究室.习近平关于社会主义生态文明建设论述摘编[M].北京:中央文献出版社,2017:101.

② 中共中央文献研究室.习近平关于社会主义生态文明建设论述摘编[M].北京:中央文献出版社,2017:102.

调查、监测和风险评估制度。定期开展全国农村生态环境状况调查和评估。加大各级政府预算内投资等财政性资金对统计监测等基础能力建设的支持力度。

二、树立底线思维，严守资源环境生态红线

所谓底线，就是不可逾越的界限，是事物发生质变的临界点。底线思维是我们在认识世界和改造世界的过程中，根据我们的需要和客观的条件，划清并坚守底线，尽力化解风险，避免最坏结果，同时争取实现最大期望值的一种积极的思维。把握底线思维，就要"凡事要从坏处准备，努力争取最好结果，做到有备无患"①。

设定并严守资源消耗上限、环境质量底线、生态保护红线，将各类开发活动限制在资源环境承载能力之内。合理设定资源消耗"天花板"，加强能源、水、土地等战略性资源管控，强化能源消耗强度控制，做好能源消费总量管理。继续实施水资源开发利用控制、用水效率控制、水功能区限制纳污三条红线管理。划定永久基本农田，严格实施永久保护，对新增建设用地占用耕地规模实行总量控制，落实耕地占补平衡，确保耕地数量不下降、质量不降低。严守环境质量底线，将大气、水、土壤等环境质量"只能更好、不能变坏"作为地方各级政府环保责任红线，相应确定污染物排放总量限值和环境风险防控措施。在重点生态功能区、生态环境敏感区和脆弱区等区域划定生态红线，确保生态功能不降低、面积不减少、性质不改变；科学划定森林、草原、湿地、海洋等领域生态红线，严格自然生态空间征(占)用管理，有效遏制生态系统退化的趋势。同时，积极探索建立农业资源环境承载能力监测预警机制，对资源消耗和环境容量接近或超

---

① 中共中央党史和文献研究院.习近平关于防范风险挑战、应对突发事件论述摘编[M].北京：中央文献出版社,2020:5.

过承载能力的地区,及时采取区域限批等限制性措施。

习近平总书记指出:"生态红线的观念一定要牢固树立起来。我们的生态环境问题已经到了很严重的程度,非采取最严厉的措施不可,不然不仅生态环境恶化的总态势很难从根本上得到扭转,而且我们设想的其他生态环境发展目标也难以实现。要精心研究和论证,究竟哪些要列入生态红线,如何从制度上保障生态红线,把良好生态系统尽可能保护起来。列入后全党全国就要一体遵行,决不能逾越。在生态环境保护问题上,就是要不能越雷池一步,否则就应该受到惩罚。"[①]要加强法律监督、行政监察,对各类环境违法违规行为实行"零容忍",加大查处力度,严厉惩处违法违规行为。强化对浪费能源资源、违法排污、破坏生态环境等行为的执法监察和专项督察。资源环境监管机构独立开展行政执法,严厉禁止领导干部违法违规干预执法活动。健全行政执法与刑事司法的衔接机制,加强基层执法队伍、环境应急处置救援队伍建设。强化对资源开发和交通建设、旅游开发等活动的生态环境监管,让保护者受益、让损害者受罚、让恶意排污者付出沉重代价。

三、完善领导干部的政绩考核制度和责任追究制度

长期以来,无论是考核领导干部政绩,还是衡量一个地区的经济发展状况,GDP 增长率一直是最重要的指标。这种考评体制,对于促进经济发展有一定的积极作用,但它主要反映经济总量的增长,没有全面反映经济增长要付出的资源环境代价,这驱使人们在实际工作中"以 GDP 为中心",热衷于单纯追求 GDP 的快速增长,而不顾经济发展的客观规律和对生态环境的破坏。对此,必须逐步加以改革和完善,使 GDP 考评指标更

---

① 中共中央文献研究室.习近平关于社会主义生态文明建设论述摘编[M].北京:中央文献出版社,2017:99.

合理、更科学。

生态环境和资源能源原本是一个国家综合国力的重要组成部分,而GDP 不将生态环境和资源能源等因素纳入其中,这不但不能全面反映一个国家的真实经济状况,反而会核算出一些荒谬的数据。例如,砍伐一片森林,卖掉原木即可增加 GDP,而森林的培育费与生态价值并未计算在内,因过度砍伐导致的水土流失、动植物减少的损失更没有纳入计算。土地的盲目开垦、草原的超载放牧、水产品的过度捕捞以及矿产资源的滥采滥挖等,反映在 GDP 的统计上都是"成绩"或"政绩",却导致生态与资源被破坏,直接损害了经济社会的可持续发展。我们应当抓紧研究形成新的核算指标体系即绿色 GDP 体系,以取代现行的单一的 GDP 核算体系。绿色 GDP 的实质,是在现行 GDP 中扣除资源消耗的直接损失以及为恢复生态平衡、挽回资源损失而必须支付的投资。这将有效地改变目前存在的不顾资源与环境损耗、单纯追求经济总量增长的非科学的发展观和政绩观,促进农村社会经济的绿色发展。

农村领导干部要主动转变思想观念,树立绿色发展理念和科学政绩观。历史经验表明,推行任何一项新的制度都必须从转变思想观念入手。一旦确立了以绿色 GDP 为核心的经济社会与生态评价体系,发展的内涵和衡量标准就会发生深刻的变化,对农村领导干部的考核评价也会随之发生重大变革。那些急功近利、单纯追求经济指数快速增长、不顾生态破坏和资源消耗、只顾眼前利益不顾长远利益的想法和做法,都是要不得的,必须切实加以改变。把绿色 GDP 作为农村领导干部考核、任免、晋升的主要依据,近几年很多地区进行了初步探索,虽然还有待进一步完善,但它确实避免了用牺牲生态环境为代价来换取经济的暂时快速增长,因而具有积极而深远的意义。

要建立体现农村生态文明要求的目标体系、考核办法、奖惩机制。把资源消耗、环境损害、生态效益等指标纳入经济社会发展综合评价体系,大幅增加考核权重,强化指标约束,不唯经济增长论英雄。完善政绩考核办法,根据区域主体功能定位,实行差别化的考核制度。对限制开发区域、禁止开发区域和生态脆弱的国家扶贫开发工作重点县,取消地区生产总值考核;对农产品主产区和重点生态功能区,分别实行农业优先和生态保护优先的绩效评价;对禁止开发的重点生态功能区,重点评价其自然文化资源的原真性、完整性。根据考核评价结果,对农村生态文明建设成绩突出的地区、单位和个人给予表彰奖励。探索编制自然资源资产负债表,对领导干部实行自然资源资产和环境责任离任审计。

习近平总书记指出:"实践证明,生态环境保护能否落到实处,关键在领导干部。一些重大生态环境事件背后,都有领导干部不负责任、不作为的问题,都有一些地方环保意识不强、履职不到位、执行不严格的问题,都有环保有关部门执法监督作用发挥不到位、强制力不够的问题。要落实领导干部任期生态文明建设责任制,实行自然资源资产离任审计,认真贯彻依法依规、客观公正、科学认定、权责一致、终身追究的原则。要针对决策、执行、监管中的责任,明确各级领导干部责任追究情形。对造成生态环境损害负有责任的领导干部,不论是否已调离、提拔或者退休,都必须严肃追责。各级党委和政府要切实重视、加强领导,纪检监察机关、组织部门和政府有关监管部门要各尽其责、形成合力。一旦发现需要追责的情形,必须追责到底,决不能让制度规定成为没有牙齿的老虎。"①要建立领导干部任期生态文明建设责任制,完善节能减排目标责任考核及问责制度。严格责任追究,对违背科学发展要求、造成资源环境生态严重破坏的要记录在案,实行终身追责,不得转任重要职务或提拔使用,已经调离的也要问责。对推动农村生态文明建设工作不力的,要及时诫勉谈话;对不顾资源和生态环境盲目决策、造成严重后果的,要严肃追究有关人员的领导责任;对履职不力、监管不严、失职渎职的,要依纪依法追究有关人员的监管责任。追究是为了负责,只有领导干部树立起强烈的生态意识、责任意识,才能保护好生态环境。

---

① 中共中央文献研究室.习近平关于社会主义生态文明建设论述摘编[M].北京:中央文献出版社,2017:110-111.

中国的改革是从农村开始的。40多年来,中国农村发生了翻天覆地的变化,中国农业也取得了举世瞩目的成就。中国农民的需求也有了显著的变化:过去盼温饱,现在盼环保;过去盼生存,现在盼生态。中国农民日益增长的优美生态环境需要和优质生态产品供给不足的矛盾日益突出,成为我国社会主要矛盾在生态环境领域的集中表现。广大农民希望天更蓝、山更绿、水更清、环境更优美,能够呼吸上新鲜的空气、喝上干净的水、吃上放心的食物、生活在宜居的环境中、切实感受到经济发展带来的实实在在的环境效益。

党的十八大以来,我国积极推进社会主义生态文明建设,并将其列入"十三五"和"十四五"规划之中。2021年是"十四五"规划实施的开局之年,我国开始迈向全面建设社会主义现代化国家的新征程。《中华人民共和国国民经济和社会发展第十四个五年规划和2035年远景目标纲要》中涉及农村生态文明建设的内容有很多,直接的集中表述有以下几段。

——坚持最严格的耕地保护制度,强化耕地数量保护和质量提升,严守18亿亩耕地红线,遏制耕地"非农化",防止"非粮化",规范耕地占补平衡,严禁占优补劣、占水田补旱地。以粮食生产功能区和重要农产品生产保护区为重点,建设国家粮食安全产业带,实施高标准农田建设工程,建成7167万公顷集中连片高标准农田。实施黑土地保护工程,加强东北黑土地保护和地力恢复。推进大中型灌区节水改造和精细化管理,建设节水灌溉骨干工程,同步推进水价综合改革。加强大中型、智能化、复合型农业机械研发应用,农作物耕种收综合机械化率提高到75%。加强种质资源保护利用和种子库建设,确保种源安全。加强农业良种技术攻关,有序推进生物育种产业化应用,培育具有国际竞争力的种业龙头企业。完善农业科技创新体系,创新农技推广服务方式,建设智慧农业。加强动物防疫和农作物病虫害防治,强化农业气象服务。

——推进农业绿色转型,加强产地环境保护治理,发展节水农业和旱作农业,深入实施农药化肥减量行动,治理农膜污染,提升农膜回收利用率,推进秸秆综合利用和畜禽粪污资源化利用。完善绿色农业标准体系,加强绿色食品、有机农产品和地理标志农产品认证管理。强化全过程农产品质量安全监管,健全追溯体系。建设现代农业产业园区和农业现代化示范区。

——统筹县域城镇和村庄规划建设,通盘考虑土地利用、产业发展、居民点建设、人居环境整治、生态保护、防灾减灾和历史文化传承。科学编制县域村庄布局规划,因地制宜、分类推进村庄建设,规范开展全域土地综合整治,保护传统村落、民族村寨和乡村风貌,严禁随意撤并村庄搞大社区、违背农民意愿大拆大建。优化布局乡村生活空间,严格保护农业生产空间和乡村生态空间,科学划定养殖业适养、限养、禁养区域。鼓励有条件地区编制实用性村庄规划。

——国土空间开发保护格局得到优化,生产生活方式绿色转型成效显著,能源资源配置更加合理、利用效率大幅提高,单位国内生产总值能源消耗和二氧化碳排放分别降低到13.5%、18%,主要污染物排放总量持续减少,森林覆盖率提高到24.1%,生态环境持续改善,生态安全屏障更加牢固,城乡人居环境明显改善。

——开展农村人居环境整治提升行动,稳步解决"垃圾围村"和乡村黑臭水体等突出环境问题。推进农村生活垃圾就地分类和资源化利用,以乡镇政府驻地和中心村为重点梯次推进农村生活污水治理。支持因地制宜推进农村厕所革命。推进农村水系综合整治。深入开展村庄清洁和绿化行动,实现村庄公共空间及庭院房屋、村庄周边干净整洁。

——坚持山水林田湖草系统治理,着力提高生态系统自我修复能力和稳定性,守住自然生态安全边界,促进自然生态系统质量整体改善。完善生态安全屏障体系。强化国土空间规划和用途管控,划定落实生态保护红线、永久基本农田、城镇开发边界以及各类海域保护线。以国家重点生态功能区、生态保护红线、国家级自然保护地等为重点,实施重要生态系统保护和修复重大工程,加快推进青藏高原生态屏障区、黄河重点生态区、长江重点生态区和东北森林带、北方防沙带、南方丘陵山地带、海岸带等生态屏障建设。加强长江、黄河等大江大河和重要湖泊湿地生态保护治理,加强重要生态廊道建设和保护。全面加强天然林和湿地保护,湿地保护率提高到55%。科学推进水土流失和荒漠化、石漠化综合治理,开展大规模国土绿化行动,推行林长制。科学开展人工影响天气活动。推行草原森林河流湖泊休养生息,健全耕地休耕轮作制度,巩固退耕还林还草、退田还湖还湿、退围还滩还海成果。

此外,还有若干表述散见在各章节中。例如,坚持生态优先、绿色发展和共抓大保护、不搞大开发,协同推动生态环境保护和经济发展,打造人与自然和谐共生的美丽中国样板。持续推进生态环境突出问题整改和农业面源污染治理。深入开展绿色发展示范,推进赤水河流域生态环境保护。严格管控自然保护地范围内非生态活动,稳妥推进核心区内居民、耕地、矿权有序退出。完善自然保护地、生态保护红线监管制度,开展生态系统保护成效监测评估。完善市场化多元化生态补偿,鼓励各类社会资本参与生态保护修复。完善森林、草原和湿地生态补偿制度。深入打好污染防治攻坚战,建立健全环境治理体系,推进精准、科学、依法、系统治污,协同推进减污降碳,不断改善空气、水环境质量,有效管控土壤污染风险。深入开展污染防治行动。坚持源头防治、综合施策,强化多污染物协同控制和区域协同治理。加强全球气候变暖对我国承受力脆弱地区影响的观测和评估,提升城乡建设、农业生产、基础设施适应气候变化能力。完善河湖管理保护机制,强化河长制、湖长制。加强领导干部自然资源资产离任审计。实施国家节水行动,建立水资源刚性约束制度,强化农业节水增效、工业节水减排和城镇节水降损,鼓励再生水利用,单位 GDP 用水量下降 16% 左右。加强土地节约集约利用,加大批而未供和闲置土地处置力度,盘活城镇低效用地,支持工矿废弃土地恢复利用,完善土地复合利用、立体开发支持政策,新增建设用地规模控制在 197 万公顷以内,推动单位 GDP 建设用地使用面积稳步下降。提高矿产资源开发保护水平,发展绿色矿业,建设绿色矿山。

《中华人民共和国国民经济和社会发展第十四个五年规划和 2035 年远景目标纲要》中的上述内容,对农村生态文明建设未来 5 年做出了具体部署。可以说,目标宏伟,责任重大,任务艰巨,形势逼人。在新时代,农村生态文明建设和乡村振兴战略的实施是促进农村地区发展的新机遇,是我们国家实现农业现代化的必由之路。我们要牢固树立和践行"绿水青山就是金山银山"的理念,从农村实际情况出发,主要通过技术革新,转变地方政府发展观念,建立健全规范的农村生态环境的法律体系,严格监管乡镇地区的污染源,积极提倡从实际出发发展绿色产业等途径,有针对性地解决问题。

推进农村生态文明建设来不得半点虚假,没有捷径可走,必须摒弃急功近利思想,稳扎稳打。习近平总书记在 2020 年 12 月 28 日至 29 日中央农村工作会议上的讲话指出:"要加强农村生态文明建设,保持战略定力,以钉钉子精神推进农业面源污染防治,加强土壤污染、地下水超采、水土流失等治理和修复。"这一重要指示,为加强农村生态文明建设、推进乡村振兴提供了根本遵循和行动指南。我们要努力落实习近平总书记的重要指示精神,保持战略定力,发扬钉钉子精神,牢固树立"功成不必在我,功成必定有我"的理念,按照"十四五"规划和 2035 年远景目标中关于农村生态文明建设的中长期专项规划,一茬接着一茬干,一张蓝图绘到底,力争到 2035 年农村生态环境根本好转,到 2050 年农业强、农村美、农民富的目标全面实现。

参考文献

[1]　马克思恩格斯选集(第 1 卷)[M].北京:人民出版社,2012.

[2]　马克思恩格斯选集(第 3 卷)[M].北京:人民出版社,2012.

[3]　马克思恩格斯文集(第 5 卷)[M].北京:人民出版社,2009.

[4]　马克思恩格斯文集(第 6 卷)[M].北京:人民出版社,2009.

[5]　马克思恩格斯文集(第 7 卷)[M].北京:人民出版社,2009.

[6]　毛泽东文集(第 6 卷)[M].北京:人民出版社,1999.

[7]　毛泽东文集(第 7 卷)[M].北京:人民出版社,1999.

[8]　毛泽东文集(第 8 卷)[M].北京:人民出版社,1999.

[9]　邓小平文选(第 1 卷)[M].北京:人民出版社,1994.

[10]　邓小平文选(第 2 卷)[M].北京:人民出版社,1994.

[11]　邓小平文选(第 3 卷)[M].北京:人民出版社,1993.

[12]　江泽民文选(第 1 卷)[M].北京:人民出版社,2006.

[13]　江泽民文选(第 2 卷)[M].北京:人民出版社,2006.

[14]　江泽民文选(第 3 卷)[M].北京:人民出版社,2006.

[15] 胡锦涛文选(第2卷)[M].北京:人民出版社,2016.

[16] 习近平谈治国理政(第2卷)[M].北京:外文出版社,2017.

[17] 中共中央文献研究室.习近平关于社会主义生态文明建设论述摘编[M].北京:中央文献出版社,2017.

[18] 中共中央党史和文献研究院.习近平关于"三农"工作论述摘编[M].北京:中央文献出版社,2019.

[19] 中共中央文献研究室.习近平关于科技创新论述摘编[M].北京:中央文献出版社,2016.

[20] 中共中央宣传部.习近平新时代中国特色社会主义思想学习问答[M].北京:学习出版社,人民出版社,2021.

[21] 中共中央文献研究室,国家林业局.毛泽东论林业[M].北京:中央文献出版社,2003.

[22] 国家环境保护总局,中共中央文献研究室.新时期环境保护重要文献选编[M].北京:中央文献出版社,中国环境科学出版社,2001.

[23] 李干杰.推进生态文明 建设美丽中国[M].北京:人民出版社,党建读物出版社,2019.

[24] 刘建伟.新中国成立后中国共产党认识和解决环境问题研究[M].北京:人民出版社,2017.

[25] 中关村国际环保产业促进中心.新农村能源与环保战略[M].北京:人民出版社,2007.

[26] 雍际春,张敬花,于志远,等.人地关系与生态文明研究[M].北京:中国社会科学出版社,2009.

[27] 王金霞,仇焕广,白军飞,等.中国农村生活污染与农业生产污染:现状与治理对策研究[M].北京:科学出版社,2013.

[28] 潘丹,孔凡斌.中国农村突出环境问题治理研究[M].北京:中国农业出版社,2018.

[29] 李欣.农村新能源开发与建设[M].北京:中国农业科学技术出版社,2011.

[30] 曲格平.我们需要一场变革[M].长春:吉林人民出版社,1997.

[31] 姜春云.偿还生态欠债——人与自然和谐探索[M].北京:新华出版社,2007.

[32] 严立冬,刘新勇,孟慧君,等.绿色农业生态发展论[M].北京:人民出版社,2008.

[33] 余谋昌.生态文明:人类社会的全面转型[M].北京:中国林业出版社,2020.

[34] 李世东,陈幸良,马凡强,等.新中国生态演变60年[M].北京:科学出版社,2010.

[35] 苏百义.农业生态文明论[M].北京:中国农业科学技术出版社,2018.

[36] 冯肃伟,戴星翼.新农村环境建设[M].上海:上海人民出版社,2007.

[37] 郭琰.中国农村环境保护的正义之维[M].北京:人民出版社,2015.

[38] 国家林业局.建设生态文明 建设美丽中国——学习贯彻习近平总书记关于生态文明建设重大战略思想[M].北京:中国林业出版社,2014.

[39] 农业部科技教育司,中国农业生态环境保护协会.中国农业环境保护大事记[M].北京:中国农业科技出版社,2000.

[40] 孙丽欣,丁欣,张汝飞,等.农村生态环境建设的政策与制度研究——以河北为例[M].北京:经济科学出版社,2017.

[41] 高秀清.农村生态环境建设与清洁能源技术[M].北京:水利水电出版社,2017.

[42] 李玉新.农村生态文明建设与乡村旅游发展的协同研究[M].北京:中国旅游出版社,2016.

[43] 潘家华,等.生态文明建设的理论构建与实践探索[M].北京:中国社会科学出版社,2019.

[44] 李捷.学习习近平生态文明思想问答[M].杭州:浙江人民出版社,2020.

[45] 卢凤.生态文明与美丽中国[M].北京:北京师范大学出版社,2018.

[46] 顾钰民,等.新时代中国特色社会主义生态文明体系研究[M].上海:
上海人民出版社,2019.

[47] 张云飞,任铃.新中国生态文明建设的历程和经验研究[M].北京:人
民出版社,2020.

[48] 邓纯东.生态文明建设思想研究[M].北京:人民日报出版社,2018.

[49] 沈满洪,郅玉玲,彭熠,等.生态文明制度建设研究(上卷、下卷)[M].
北京:中国环境出版社,2017.

[50] 刘湘溶.生态文明六章[M].北京:中国社会科学出版社,2020.

[51] 杨发庭.新时代生态文明建设与绿色发展[M].北京:中国社会科学
出版社,2021.

[52] 王雨辰.生态文明与文明的转型[M].武汉:崇文书局,2020.

[53] 杜群.生态文明法治建设与制度创新[M].北京:中国社会科学出版
社,2021.

[54] 生态环境部.国家生态文明建设示范区:2017—2020[M].北京:中国
环境出版集团,2020.

[55] 杨启乐.当代中国生态文明建设中政府生态环境治理研究[M].北
京:中国政法大学出版社,2015.

[56] 钱易,温宗国,等.新时代生态文明建设总论[M].北京:中国环境出
版集团,2021.

[57] 蔡昉,潘家华,王谋,等.新中国生态文明建设70年[M].北京:中国
社会科学出版社,2020.

[58] 洪文滨.乡村振兴看浙江[M].北京:社会科学文献出版社,2020.

[59] 陈锡文.走中国特色社会主义乡村振兴道路[M].北京:中国社会科
学出版社,2019.

[60] 刘文奎.乡村振兴与可持续发展之路[M].北京:商务印书馆,2021.

[61] 顾益康."千万工程"与美丽乡村[M].杭州:浙江大学出版社,2021.

[62] 李进,王会京,李静.基于生态文明视域下的美丽乡村建设研究[M].

石家庄：河北人民出版社，2019.

[63] 杨晓光，余建忠，赵华勤.从"千万工程"到"美丽乡村"——浙江省乡村规划的实践与探索[M].北京：商务印书馆，2018.

[64] 何塞·卢岑贝格.自然不可改良[M].黄凤祝，译.北京：生活·读书·新知三联书店，1999.

[65] 蕾切尔·卡逊.寂静的春天[M].吕瑞兰，李长生，译.长春：吉林人民出版社，1997.

[66] 奥尔多·利奥波德.沙乡年鉴[M].侯文蕙，译.长春：吉林人民出版社，1997.

[67] 丹尼斯·米都斯，等.增长的极限——罗马俱乐部关于人类困境的报告[M].李宝恒，译.长春：吉林人民出版社，1997.

[68] 福冈正信.自然农法——绿色哲学的理论与实践[M].黄细喜，顾克礼，译.哈尔滨：黑龙江人民出版社，1987.

[69] 世界环境与发展委员会.我们共同的未来[M].王之佳，柯金良，等译.长春：吉林人民出版社，1997.

[70] 金书秦，韩冬梅.我国农村环境保护四十年：问题演进、政策应对及机构变迁[J].南京工业大学学报（社会科学版），2015(2)：71-78.

[71] 唐旭斌.新中国成立30年来农村环境的污染与治理[J].江苏大学学报（社会科学版），2011(3)：64-69.

[72] 孙炳彦.我国四十年农业农村环境保护的回顾与思考[J].环境与可持续发展，2020(1)：104-109.

[73] 王西琴，李蕊舟，李兆捷.我国农村环境政策变迁：回顾、挑战与展望[J].现代管理科学，2015(10)：28-30.

[74] 张壬午，计文英，张彤.中国古代朴素生态经济观念及其在农业上的应用[J].生态经济，1994(5)：27-33.

[75] 高明.继承传统农业精华 发展现代生态农业[J].学术交流，2004(5)：62-65.

[76] 夏承伯，包庆德.细腻报告文学话语背后深层生态主义逻辑——蕾切

尔·卡逊《寂静的春天》生态哲学思想解读[J].自然辩证法研究,2014(5):89-94.

[77] 柳兰芳.从"美丽乡村"到"美丽中国"——解析"美丽乡村"的生态意蕴[J].理论月刊,2013(9):165-168.

[78] 秦书生.改革开放以来中国共产党生态文明建设思想的历史演进[J].中共中央党校学报,2018(2):33-43.

后记

我生在农村,长在农村,有几十年的农村生产生活实践,目睹了中国农村几十年来的深刻变化,对农村有着比较真切的了解,对农民也有着一种特殊的感情。记得小时候的家乡——内蒙古赤峰市敖汉旗的一个平原小村,风调雨顺,年年丰收。每当春天来临,莺歌燕舞,鸟语花香,到处是一片欣欣向荣的景象。村东头的水渠里,儿童们可以去嬉戏、"打水仗",猫儿在漆黑的夜晚会把捉到的鱼儿叼回家。村西头的草甸子水草丰美,随意往下挖两铁锹,就可以看到涵养的水源马上灌满土坑,某种程度上属于湿地了。可以说那是真正的人与自然浑然一体,和谐共生。

然而,时光如流水般一去不复返了。随着商品经济的发展和市场大潮的涌动,人们对大自然的过度开发和掠夺,导致大自然受到了严重伤害,人类也遭到了大自然的报复。以水为例,40年前的20世纪70年代,家乡村里几乎家家户户都有三五米深的土井,井水清澈,供洗衣、做饭、浇灌菜园和其他日常生活所需,还用作家禽和牲畜的饮用水。然而,土井后来逐渐变成了"压管井",再后来变成了机井。如今,因为地下水几乎被抽干,村子里的机井已很少见。当地农民为了收获更多粮食,在农田中也陆续打了很多机井,用地下水灌溉农田。机井越打越深,从二三十米到四五十米,进而到六七十米,地下水水位越抽越低。家乡农民十年前虽然已经吃上了自来水,但是限量供应,仅够日常生活所需。几个自然村使用的自来水,都是从两百米深的一眼机井里抽上来的。十年九旱,春播无雨,耕地干裂,难以下种,家乡人快要沦为"生态难民"了。机井还能打多深?靠地下水灌溉农田还能维持多久?有人说，由于生态环境恶化，人们将来会饿死、渴死。我亲眼见到家乡水的变化，感到这绝不是妄言或者戏言。这样的生产生活方式，已经难以为继了。

对家乡生态环境的变化，我有上面的一忧，还有下面的一喜。记得小时候的家乡，"无风遍地沙，有风沙满天，对面不见人，白天屋点灯"。受西北风的侵袭，高达 10 米的沙丘每年向前移动 11 米，半流动沙丘每年向前移动 7 米，一夜风沙过后，各户门前便堆起 1 米多高的沙堆。前几年再回家乡，看到我小时候随同父母加入治沙大军栽种的樟子松已长成参天大树，遮天蔽日，还有沙蒿、黄柳、速生杨，以及各种乔灌木，全都郁郁葱葱，雨过天晴之后，农民们可以去采蘑菇。沙漠已经不见，变成了名副其实的绿洲。由于家乡生态文明建设成就显著，所以曾多次获得国家有关部委奖励，2002 年还被联合国环境规划署授予"生态环境全球 500 佳"荣誉称号。

40 多年我家乡生态环境的变化，就是改革开放以来中国农村生态文明建设的缩影。作为中国农业大学一名思想政治理论课教师，我曾经在赤峰农牧学校农学专业学习，从事过中学生物课教学工作，我深感有责任、有义务对自己长期思考的、与农民生存和发展息息相关的生态环境问题做一个系统梳理和探讨。在成书过程中，非常感谢中国社会科学院龚云研究员、华中科技大学出版社周晓方老师和责任编辑林珍珍老师给我的启迪、鼓励和帮助，在此向他们表示深深的谢意。由于能力有限，书中如有不当之处，恳望各位同行和朋友不吝赐教。

作　者

2021 年冬谨记于北京市海淀区百望山

图书在版编目(CIP)数据

中国农村生态文明建设研究/吕文林著. —武汉:华中科技大学出版社,2021.11
(中国农村改革四十年研究丛书)
ISBN 978-7-5680-7590-9

Ⅰ. ①中… Ⅱ. ①吕… Ⅲ. ①农村生态环境-生态环境建设-研究-中国 Ⅳ. ①X321.2

中国版本图书馆 CIP 数据核字(2021)第 226873 号

中国农村生态文明建设研究

吕文林　著

Zhongguo Nongcun Shengtai Wenming Jianshe Yanjiu

策划编辑:周晓方　杨　玲
责任编辑:林珍珍
封面设计:廖亚萍
责任校对:刘　竣
责任监印:周治超
出版发行:华中科技大学出版社(中国·武汉)　　电话:(027)81321913
　　　　　武汉市东湖新技术开发区华工科技园　　邮编:430223
录　　排:华中科技大学惠友文印中心
印　　刷:湖北金港彩印有限公司
开　　本:710mm×1000mm　1/16
印　　张:16.25　　插页:2
字　　数:232 千字
版　　次:2021 年 11 月第 1 版第 1 次印刷
定　　价:138.00 元